孩子能看懂的编程启蒙书系列

指令，是什么

李雪清 ◎ 绘　马俊 ◎ 编著

北京理工大学出版社
BEIJING INSTITUTE OF TECHNOLOGY PRESS

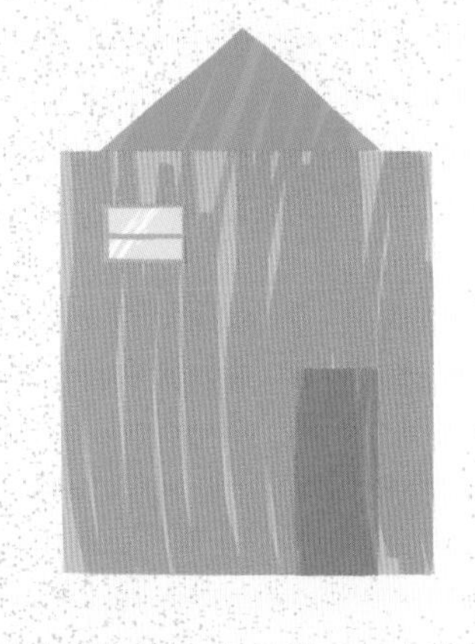

目录

什么是算法

一系列解决问题的清晰指令称为算法。

同一个问题可以用不同的算法来解决。

首先，我们需要明白“指令”是什么。

回想一下，我们在参加运动会比赛时，裁判总是会发出命令：“预备！跑！”

裁判发出的这一命令，让所有选手知道比赛开始了，这就是指令。

指令

简单来说，指令就是命令，指挥执行者下一步如何操作。

我们在生活中，将大家组织起来完成一项任务时，组织者需要给每一个人分配任务，发布指令，指挥他们如何去做。

裁判发令："预备！跑！"大家都开始跑起来，跑道终点处拉着红线。

在编程中，程序员需要给计算机下达一项项的指令，让计算机进行操作，解决问题，这一系列的指令就叫作**算法**。

简单算法：一个指令

今天，好朋友们都来小云家里吃午餐。吃完饭后，听说小白家里新买了乐高玩具，小伙伴们决定去小白家。小白家就住在小云家的后面，妈妈为了考验小朋友们是否能够顺利走到小白家，让大家一起玩个指令游戏。

妈妈或者小伙伴给予你各种各样的指令，帮助你到达终点。
小丽
小白
小云
小东

我们可以用到这样的指令

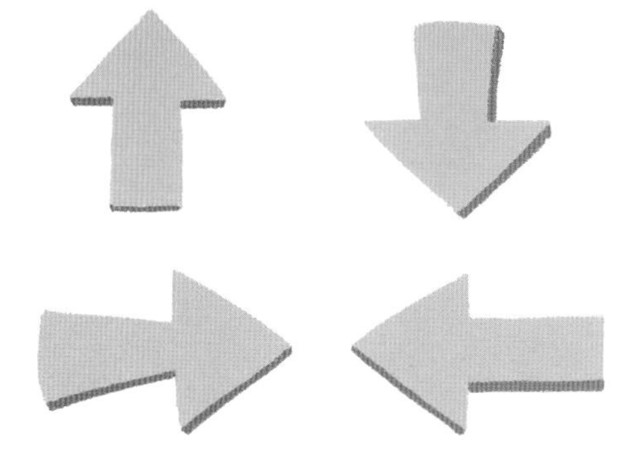

小云家到小白家需要怎么走？

小白家

小云家

规则

1. 妈妈给小伙伴们一个指令，帮助到达小白家；

2. 妈妈一次只能给一个指令，小朋友一次也只能执行一个指令；

3. 根据指令，到达小白家；

4. 当你到达终点的时候，可以重新开始游戏，换一个人发布指令。

许多任务都可以使用特定的一系列指令列表来描述，这一系列的指令就叫作算法。

多种多样的算法

小朋友们在小白家玩了一会儿乐高游戏后，又来到浩浩家看电影。看完电影后，大家从妞妞家门前路过，回到小云家吃火锅。

明明小白家就住在小云家的后面，大家却感觉回来的路上走了好久。这是怎么回事呢？

这么走，是一种算法

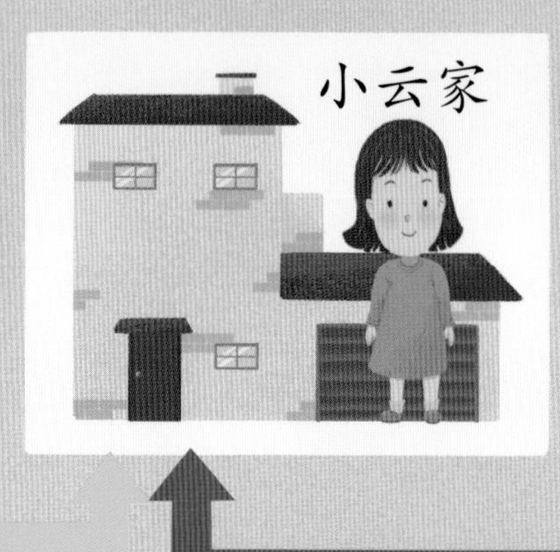

这么走，也是一种算法

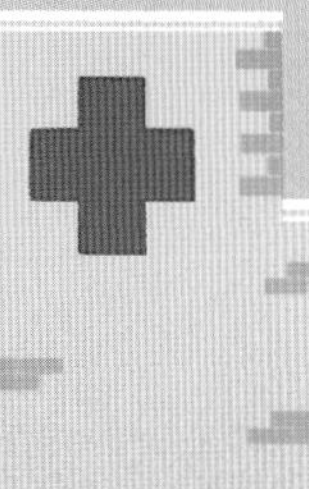

虽然看起来是小白家与小云家之间的往返，但大家走了不同的路。

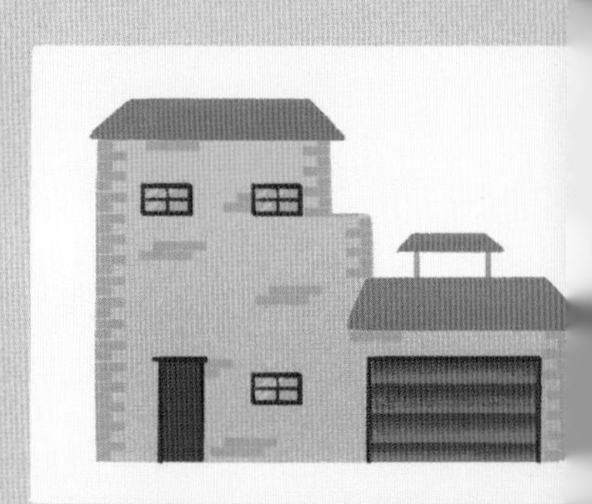

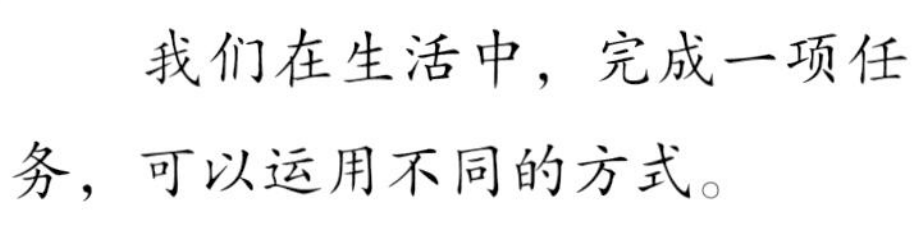

我们在生活中，完成一项任务，可以运用不同的方式。

在编程中也是如此，完成一项任务，可以运用不同的算法。

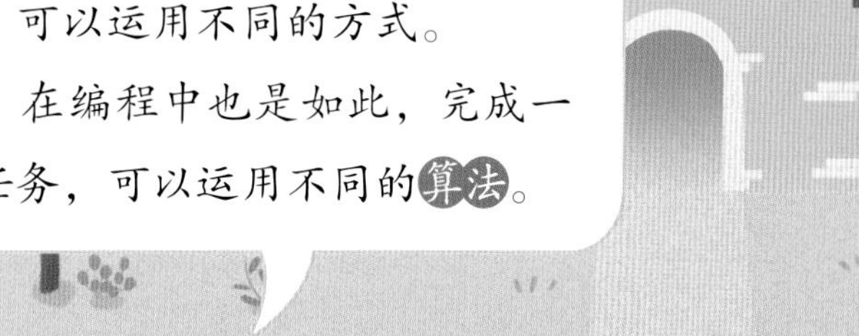

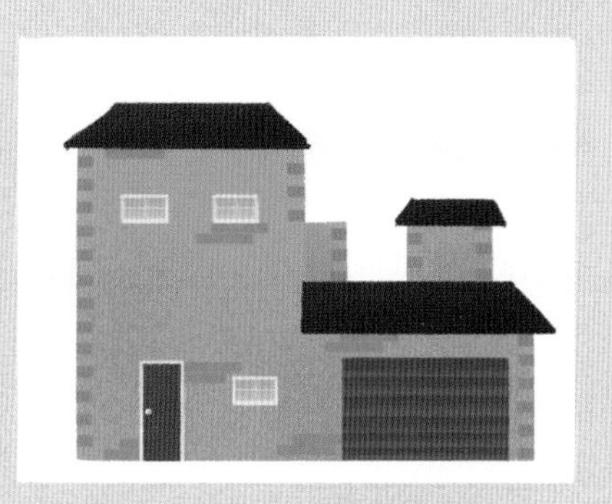

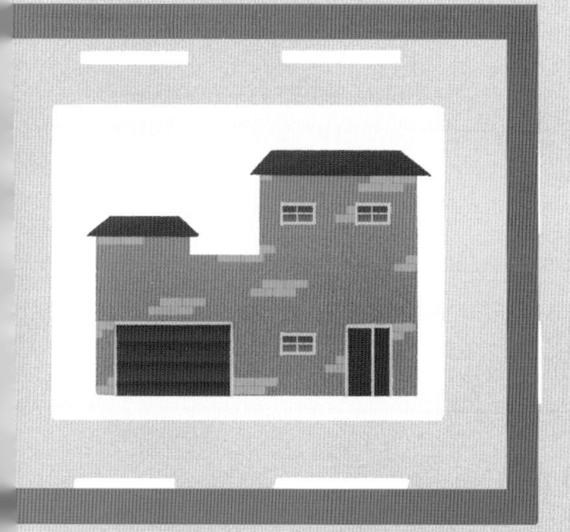

算法游戏：简单拼图

多种多样的算法构成丰富多彩的编程世界。

下面我们用不同的算法游戏来体验一下编程的魅力。

●如何拼好下面的拼图

使用书后的贴纸，完成拼图

拼图

拼图是指重复使用“移动”指令，排列块以形成图像。拼图过程中，需要在一次次尝试后，了解最佳顺序，总结出最好的算法。

在了解十二生肖的图像后，完成下列游戏。

算法游戏：寻宝

何家村住着很多小松鼠，冬天到了，它们需要在森林里找到自己在秋天埋的坚果。在找坚果的途中，它们需要避开森林里的荆棘，以免误伤到自己。

在森林中，通过哪一种算法，才能使小松鼠们收集回所有的坚果呢？

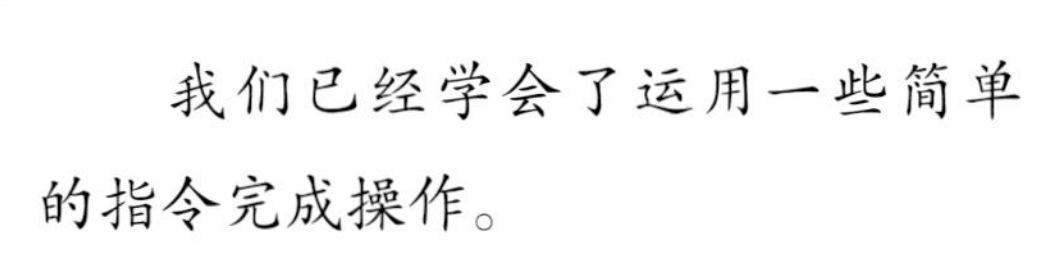

我们已经学会了运用一些简单的指令完成操作。

试想一下，如果为机器人设定好指令，会发生什么结果呢？

想要计算机去执行任务，只需设计好指令就可以了，你会设计吗？

向右

向左

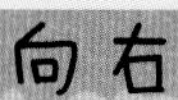

接下来该怎么走呢，
你来帮助它们找到坚果吧！

灰灰鼠想要这样走

向下 向右

花花鼠想要这样走

向右 向右

黄毛鼠想要这样走

向左 向左

1
枝草茎
1
枝草茎
2
枝草茎
2
枝草茎

算法游戏：序列

算法是有顺序的一系列指令，在序列游戏中，需要仔细观察一个指令一共有几个环节，只有完成上一步的所有指令，才能够进行下一步，最终顺利地完成游戏。

向上

向下

向左

向右

来帮织布鸟建房子吧

小灰、小米、小枫和小砂是四只织布鸟，它们在树枝和芦苇丛中选好了位置，准备建房子。

你的目标是帮助织布鸟在草丛中找到结实的草茎，并且到树上建房子。

每一处草丛里可以用来搭建房子的草茎数量是不同的，我们需要把所有可以用的草茎收集起来。

同时，我们也要注意每一座房子需要用的草茎数量，收集的草茎数量不要超过房子上标记的数量。

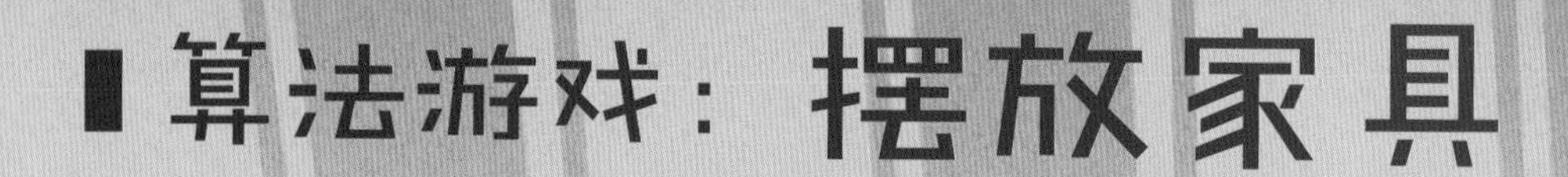

算法游戏：摆放家具

妈妈给了贝贝一些家具模型，贝贝打算用它们装饰自己的客厅小屋。做到一半，就到了去外婆家的时间了。

花盆、垃圾桶、柜子、空调的位置贝贝都不是很满意，你能帮她做完吗？

和小伙伴们一起，试着用合适的指令摆放好客厅里还未完成的家具。

看谁能摆的最合适，看谁能想出最多的摆放方法。

知识点拨

你至今见到多少种指令？

特殊的指令

在算法中，有一些指令比较特殊，使用它们可以让我们的算法变得更加简单。一个指令可以完成多个步骤，你能找出这样的指令吗？

帮乌鸦喝到水吧

豆豆、美美、瓜瓜和朵朵四只乌鸦想要喝水，但是水瓶中的水太少了。聪明的乌鸦们准备叼一些石子让水面上升。乌鸦们一次只能衔一块石子，①号水瓶需要一块石子，②号水瓶需要两块石子，③、④号水瓶分别需要三块石子、四块石子。

请你来帮帮它们吧！

向上
向下
向左
向右
右上
如果我们将“向右”和“向上”这两个指令合并为一个指令“右上”，你可以完成下面的游戏吗？
④
②
①
③

算法游戏：找一找

在算法中，我们可以运用不同的指令达到同一目的。在完成下列游戏时，尽可能尝试多种指令吧。

如果增添“重复”这一指令之后，你能否减少算法的步骤？

帮小熊找到蜂窝吧

小熊乐乐、美美、滚滚和俊俊想要吃蜂蜜，可森林太大了，它们迷路了。

请运用给出的指令卡，帮小熊找到蜂蜜吧！

你可以想出几种算法呢？哪一种算法是最简单的呢？

向上
向下
向左
向右
重复
你分别用了几步帮小熊们找到了蜂蜜？

Ocean Park

算法游戏：

传皮球

和海狮一起传球玩吧

住在海洋公园的海狮舟舟、北北、蕾蕾、昆昆、康康、瀚瀚、图图和帅帅正在进行传皮球游戏，你能和它们一起玩吗？

如果需要让每一只海狮都参与进来，你会怎么做呢？你能想出几种算法？

请用贴纸贴出你的路线吧

重复
向上
向下
向左
向右

算法游戏：画一画

小小和梅梅一起学画画，她们打算选取小小的画画书中的图案，用指令卡来完成绘画。

知识点拨
在上面的游戏中，你最多用了几步，最少用了几步？用了重复指令后减少了几步？
请用下面给出的指令完成图案吧！
用不同的指令组合成不同的算法，看看你最多用几步指令，最少用几步指令？
横线
斜下
斜上
竖线
重复

算法游戏：走迷宫

迷宫的奥妙在于它存在着一些误区，我们在下达指令时，需要观察道路中是否有误区，需要避开误区，进行活动。

迷宫比赛

天天、豆豆、小南和小胖一起在迷宫里进行比赛，他们约定，谁最后一个出来要给其他人买冰淇淋。

每一个人走一步的距离和速度都是相同的。

请从设计指令开始给出你的算法吧！

从设计指令开始完成算法

一系列指令构成了算法，在之前的游戏中，我们都给出了具体要使用的指令。如果让你自己从设计指令开始完成算法，你会怎么设计？你会用几步完成操作？

我设计的指令

天天需要这样走

豆豆需要这样走

在下面画出你的指令吧!

小南需要这样走

小胖需要这样走

知识点拨

在你想出的算法中，谁走得最快呢？指令最多的情况下的算法是什么？指令最少的情况下的算法是什么？

解答

小松鼠们该怎么走，才能收集回所有的坚果呢？

来帮织布鸟建房子吧

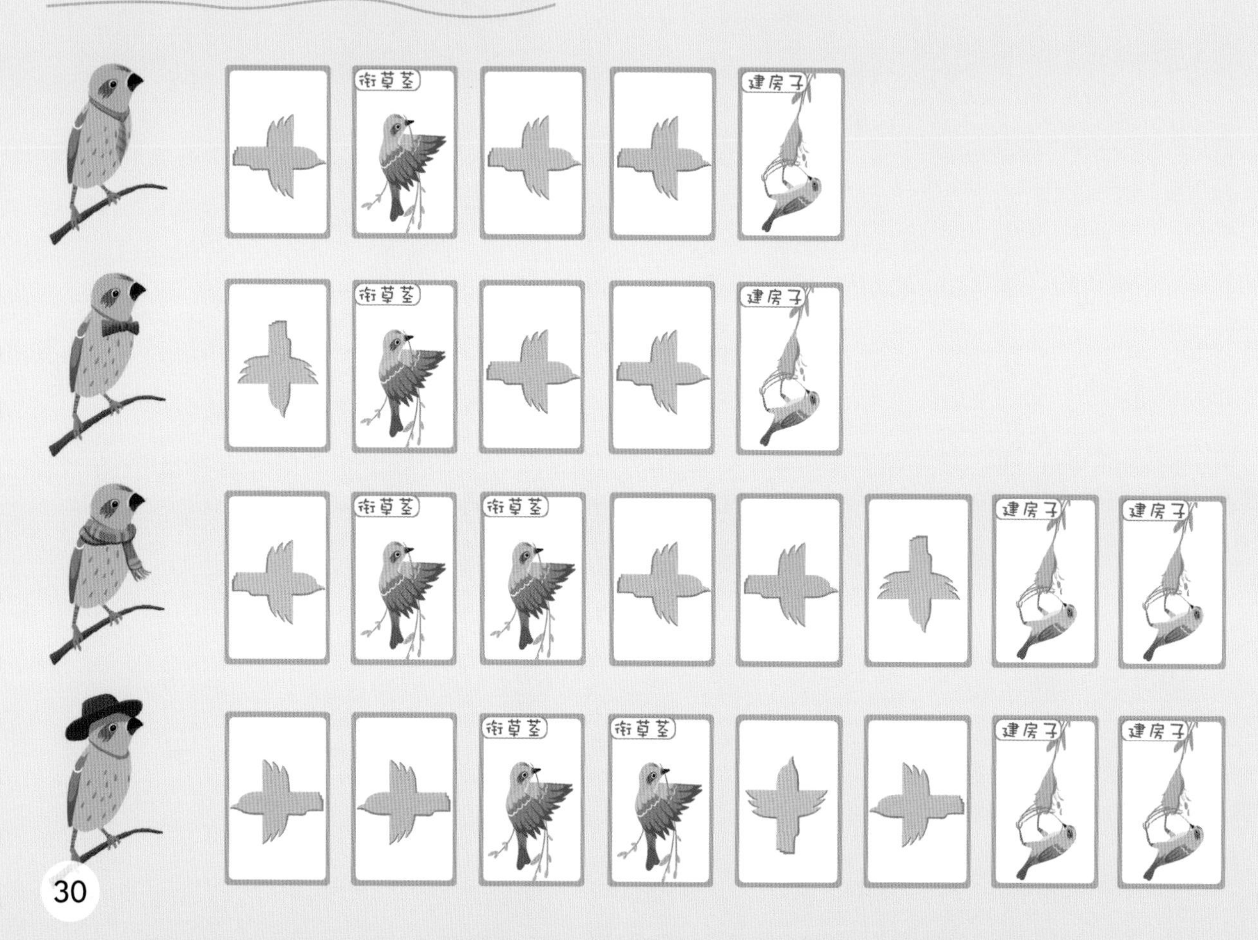

帮乌鸦喝到水吧

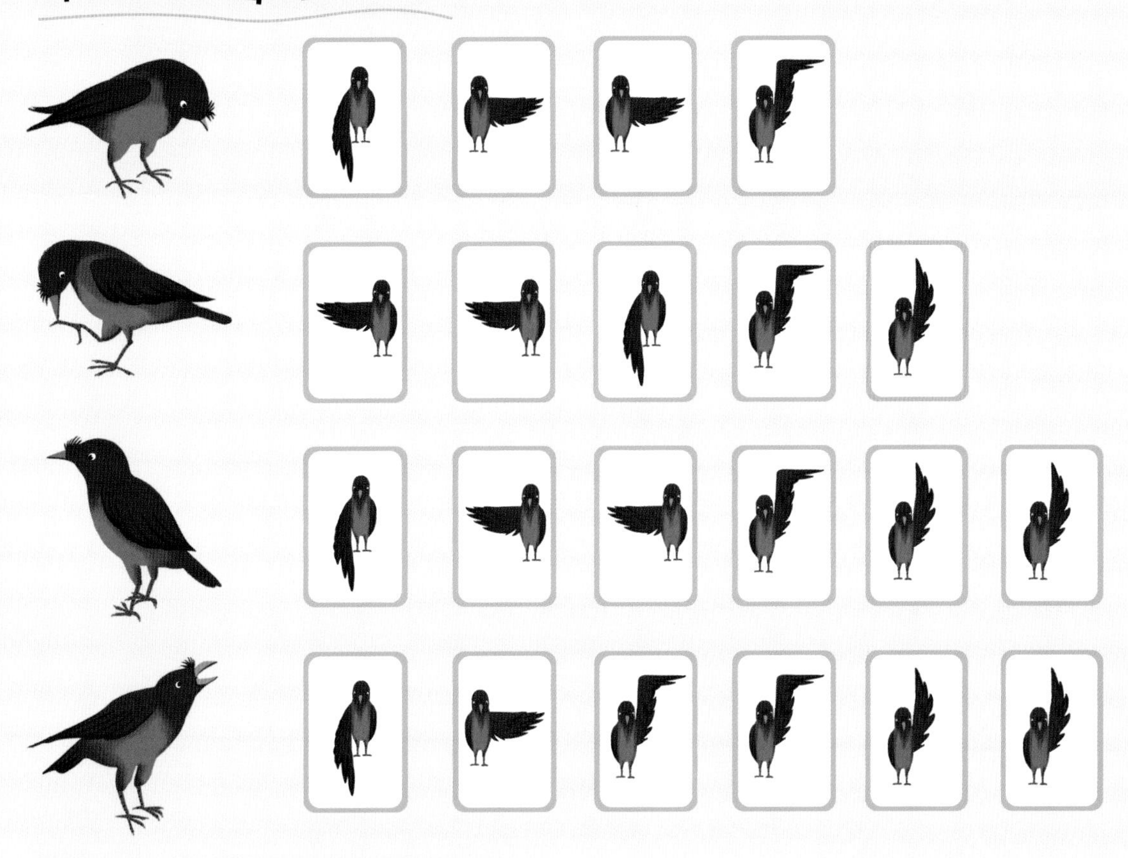

帮小熊找到蜂窝吧

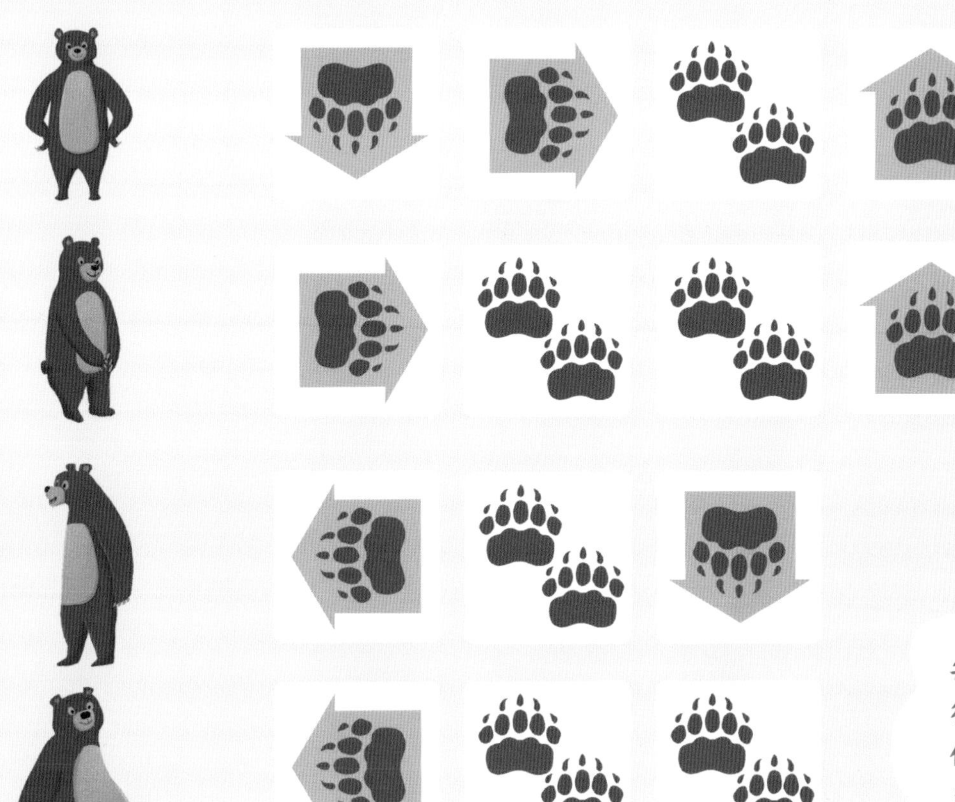

每一个问题都有着很多种答案，此处仅给出一种，大家多多发散思维吧！

图书在版编目（CIP）数据

孩子能看懂的编程启蒙书系列. 指令，是什么 / 马俊编著. -- 北京 : 北京理工大学出版社, 2021.4

ISBN 978-7-5682-9686-1

Ⅰ. ①孩… Ⅱ. ①马… Ⅲ. ①程序设计—儿童读物 Ⅳ. ①TP311.1-49

中国版本图书馆CIP数据核字(2021)第058964号

出版发行 / 北京理工大学出版社有限责任公司
社　　址 / 北京市海淀区中关村南大街 5 号
邮　　编 / 100081
电　　话 /（010）68914775（总编室）
（010）82562903（教材售后服务热线）
（010）68944723（其他图书服务热线）
网　　址 / http: / / www. bitpress. com. cn
经　　销 / 全国各地新华书店
印　　刷 / 深圳市福圣印刷有限公司
开　　本 / 889毫米 × 1194毫米　1/16
印　　张 / 8
字　　数 / 160千字
版　　次 / 2021年4月第1版　2021年4月第1次印刷
定　　价 / 131.20元（全四册）

北京理工大学出版社
BEIJING INSTITUTE OF TECHNOLOGY PRESS

目录

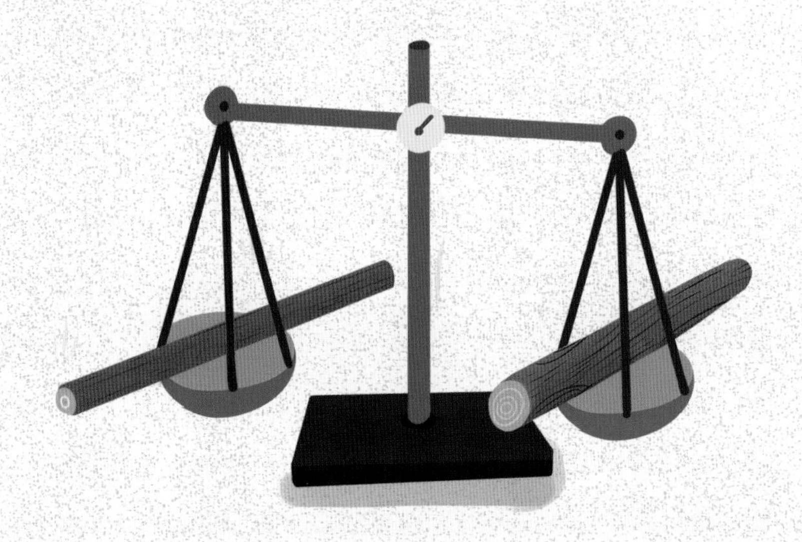

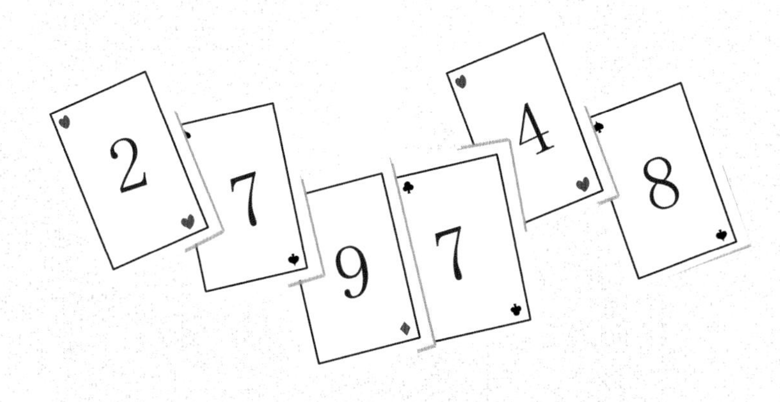
2
7
9
7
4
8

J
J229

常见的算法问题
人们运用计算机，最基本的好处之一便是可以方便地查询人类已有的全部智慧。
排序与检索可以称得上是最常见的算法问题。
在排座位游戏中，我们接触到了计算机最基本的功能之一——排序。
计算机可以将大量的数据进行科学的排序，使我们可以简便地运用它来完成检索。

如果想要知道乐乐最近的学习情况，可以问问班上的同学此次期中考试如何，再与乐乐的成绩比大小，可是这样太繁琐！

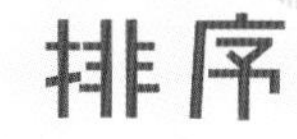

排序

排序是一种将大量无序的元素依照一定的顺序排列的方法，根据具体情况不同，排序分为选择排序、插入排序、冒泡排序等。

检索

从大量的数据中找到目标元素。

小伙阿郎想要盖房子，林场里的工人根据阿郎的要求给阿郎挑选着木头。

阿郎需要四根两年生的木头，一根四年生的木头，五根十年生的木头，五根二十年生的木头。

为了一次性将木头全部拉走，阿郎要将木头进行排序。
阿郎需要将重的木头放在下面，以免压坏轻的木头，阿郎怎样才能将木头正确地排序呢？

安全第一

阿郎想要这么做
将木头称一称，依次类比

阿郎发现，木头上的年轮越多，木头越重。

选择排序

选择排序是一种简单直观的算法，简单来说，它是将最小或最大的一个元素放在起始位置，然后再从其余元素中寻找最小或最大的一个元素直至排完的排序方法。

于是，阿郎应该怎么排序？

阿郎用称一称的方法知道了木头上的年轮越多，木头越重，也就找到了最重的二十年生的木头，随后在其余木头中选择最重的木头，很快排好了序。

算法游戏：扑克牌

在排序算法中，除了我们已了解的选择排序，根据排序的目标不同，还有着各种各样的排序算法。

插入排序

插入排序是一种最简单直观的排序算法，简单来说，它是在已有规律的元素中，插入没有排序的元素。

妈妈、婶婶、姑姑和二姨在一起玩扑克牌。

除去不用的一张大王和一张小王，扑克牌一共有 52 张牌，从 A 到 K 每个字符四张。

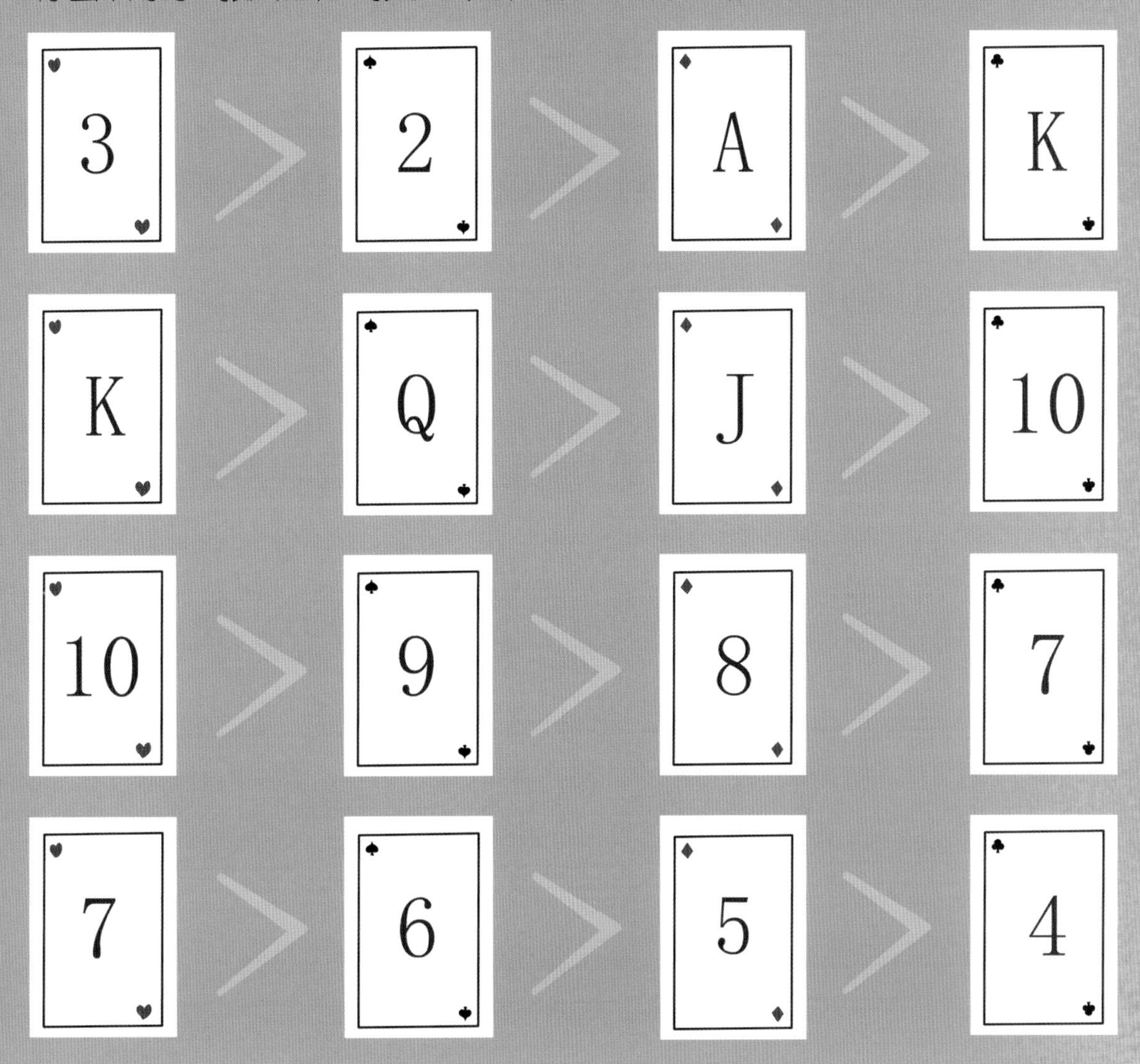

姑姑将 52 张扑克牌打乱，均匀地发在了每个人的手中，现在每个人有 13 张扑克牌。

看着手中的扑克牌，妈妈打算将扑克牌整理一下。

妈妈想要将手中的扑克牌从左向右、从大到小进行排列，并将相同字符的扑克牌放在一起。

妈妈手中拿到的扑克牌是

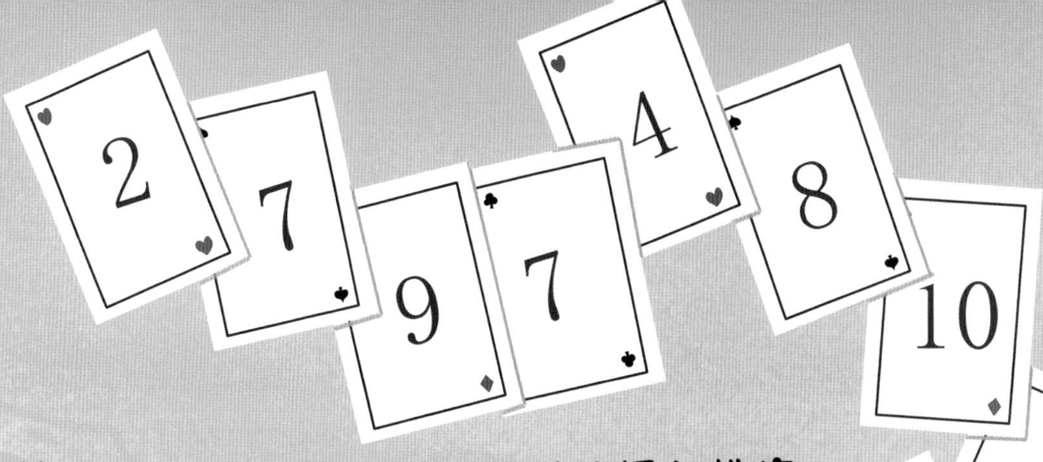

妈妈使用的方法就是我们前面说的插入排序。

将扑克牌 2 看作一个有序的序列，其余的扑克牌是无序的元素，再将这些扑克牌依次插入到已经排好的序列中。

1. 最大的扑克牌是 2，正是在最左边，便确定了第一张牌的位置。

2. 从头到尾地查看手中的扑克牌，将每一张牌都适当地插入已经排好的扑克牌中。

按照妈妈预想的方法，
应该怎样调整手中扑克牌的顺序呢？
2
7
2
7
2
9
7
2
9
7
2
9
7
2
9
8

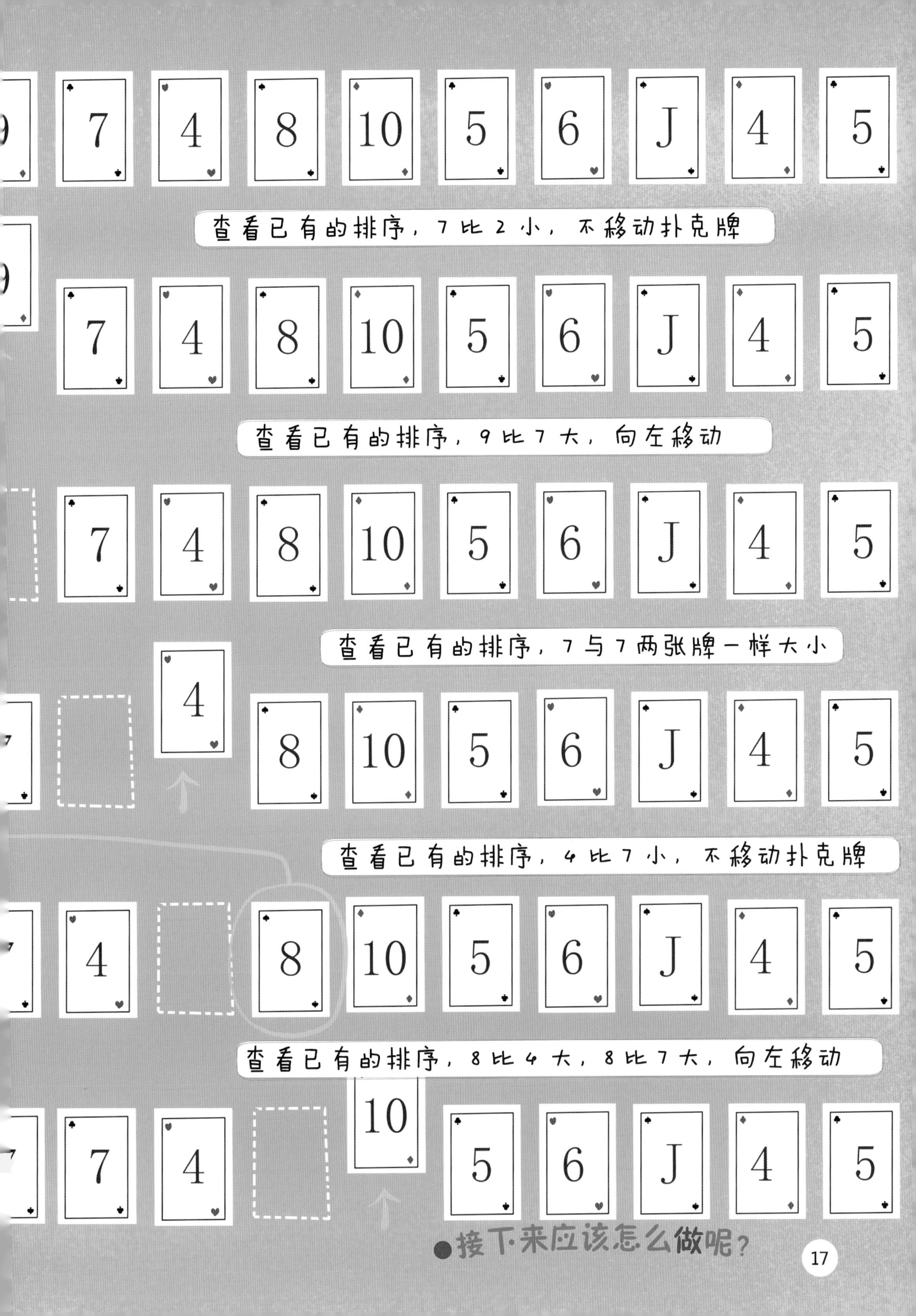

查看已有的排序，7比2小，不移动扑克牌
查看已有的排序，9比7大，向左移动
查看已有的排序，7与7两张牌一样大小
查看已有的排序，4比7小，不移动扑克牌
查看已有的排序，8比4大，8比7大，向左移动
●接下来应该怎么做呢？

算法游戏：舞蹈队形

舞蹈教室里，大家围坐成一团，闹哄哄的。

今天，姜老师要给参加舞蹈比赛的 6 位同学们排练新的舞蹈节目。

为了更好地排列队形，姜老师决定给这 6 位同学进行编号。

姜老师首先让同学们都站在一起，准备按照从低到高为大家编号。

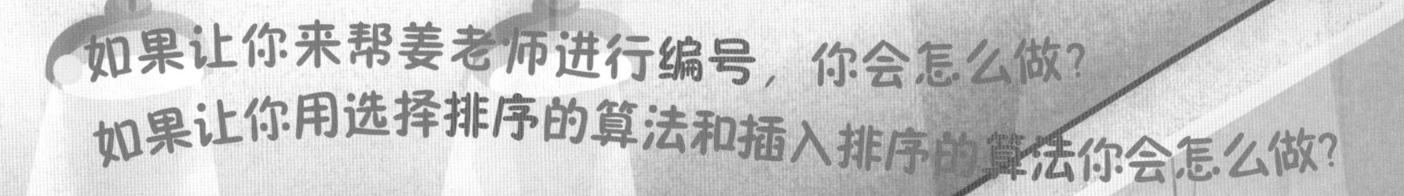

如果让你来帮姜老师进行编号，你会怎么做？
如果让你用选择排序的算法和插入排序的算法你会怎么做？

插入排序

①将所有待排序元素中第一个元素看作一个有序序列，其余的元素都看作是无序的元素。

②将无序的元素中的每个元素依次插入有序序列的适当位置。

选择排序

①在所有的元素中，找出最小或最大的一个元素放在起始位置。

②从其余元素中寻找最小或最大的一个元素排在第一个元素后面。

③重复第二个步骤，直至排完。

阿月

小爱

姜老师首先留下了这6位中最矮的梅梅，让其余的同学站在走廊里。
接下来，姜老师依次请走廊里的同学中个子最矮的进入教室。
最矮
梅梅

最矮
珊珊
金玉
小红
阿月
小爱
最矮
珊珊
金玉
小红
阿月
小爱
最矮
珊珊
金玉
小红
阿月
小爱
最矮
姜老师的这种排序方式
是选择排序还是插入排序呢？
珊珊
金玉
小红
阿月
小爱

阿雅想要用另一种方式帮老师完成编号。

阿雅走到了小朋友中间，开始用另一种方法帮助老师，对同学们进行从低到高的编号。

● 还需要做什么调整呢？

阿雅的排序方法属于哪种排序方式呢？

不动
不动
梅梅
珊珊
金玉
小红
阿月
小爱
梅梅
珊珊
金玉
小红
阿月
小爱
不动
不动
不动
不动
梅梅
金玉
珊珊
小红
阿月
小爱
不动
不动
不动
不动
不动
梅梅
金玉
珊珊
小红
阿月
小爱

I
07
J
K

算法游戏：归还图书

上一周，朵朵在市立图书馆借阅了4本书。

今天，朵朵来到图书馆归还图书，顺便体验图书馆的志愿服务，她需要自己把借阅的图书放回书架上。

图书馆的图书都是按照图书分类表进行排列的。

图书大类编号：

A马克思主义、列宁主义、毛泽东思想、邓小平理论
B哲学、宗教
......
H语言、文字
I文学
　I0文学理论
　I1世界文学
　I2中国文学
　I3/7各国文学
J艺术
　J0艺术理论
　J1世界各国艺术概况
　J2绘画
　J29书法、篆刻
　J3雕塑
......
K历史、地理
N自然科学总论
O数理科学和化学
P天文学、地球科学
Q生物科学
R医药、卫生
S农业科学
......

朵朵需要根据图书上的编号找到对应的书架，归还图书。

朵朵借阅的4本书分别是《红色的星星》《小鼹鼠》《小企鹅》和《素描技法》。

管理员告诉朵朵，图书的侧边通常标注着编号。

J
找到了是J
书架
J29XX
朵朵只需要根据编号找到对应的位置就可以了

J
J0XX
J1XX
J2XX
J29XX
找到了J2

J
J0XX
J1XX
J2XX
J29XX
找到了J229
J229

朵朵根据书目的编号很快将第一本书放回了书架。接下来，她需要把其他三本书放回书架。

朵朵想要从书架的左边走到右边时，刚好把书还完。

她请教了管理员，得知这个图书室里的第三排书架是从I250到I356依次排列的。

编号中字母后的数字越大，就越靠近右边的书架。

检索

检索是从大量的数据中找到目标元素，有时数据是无序的，有时数据是有序的。在图书馆中，管理员们将图书进行了编号，使人们可以轻易地检索到。

解答

算法游戏：拉木头

算法游戏：扑克牌

算法游戏：舞蹈队形

算法游戏：归还图书

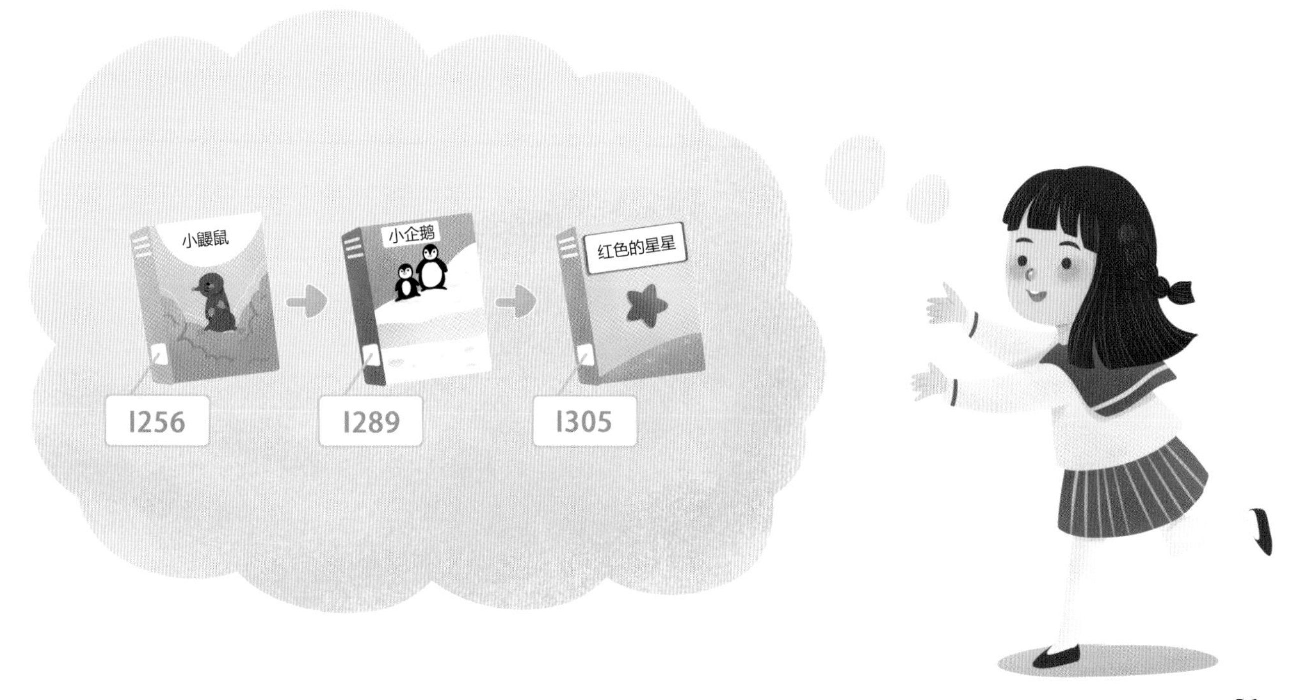

图书在版编目（CIP）数据

孩子能看懂的编程启蒙书系列. 算法，一点都不难 / 马俊编著. -- 北京 : 北京理工大学出版社, 2021.4

ISBN 978-7-5682-9686-1

Ⅰ. ①孩… Ⅱ. ①马… Ⅲ. ①程序设计—儿童读物 Ⅳ. ①TP311.1-49

中国版本图书馆CIP数据核字(2021)第058965号

出版发行 / 北京理工大学出版社有限责任公司
社　　址 / 北京市海淀区中关村南大街 5 号
邮　　编 / 100081
电　　话 /（010）68914775（总编室）
（010）82562903（教材售后服务热线）
（010）68944723（其他图书服务热线）
网　　址 / http: / / www. bitpress. com. cn
经　　销 / 全国各地新华书店
印　　刷 / 深圳市福圣印刷有限公司
开　　本 / 889毫米 × 1194毫米　1/16
印　　张 / 8
字　　数 / 160千字
版　　次 / 2021年4月第1版　2021年4月第1次印刷
定　　价 / 131.20元（全四册）

责任编辑 / 陈莉华
文案编辑 / 陈莉华
责任校对 / 周瑞红
责任印制 / 施胜娟

图书出现印装质量问题, 请拨打售后服务热线, 本社负责调换

王欢 ◎ 绘　　马俊 ◎ 编著

北京理工大学出版社
BEIJING INSTITUTE OF TECHNOLOGY PRESS

目录

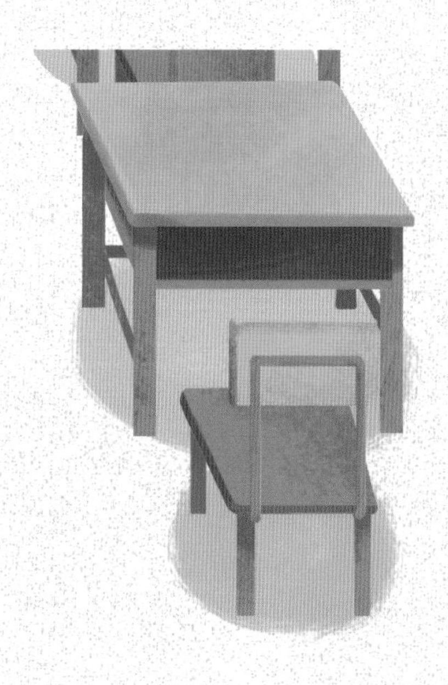

算法游戏：迷宫

从迷宫游戏，继续开启编程之旅。

迷宫的趣味在于，你需要在脑海中判断最优路线。同样，在算法中我们也需要找出最优解。

帮小熊找到羽毛球吧！

乐乐和俊俊两只小熊在一起打羽毛球，羽毛球掉进了迷宫中，请你帮它们找出来吧。

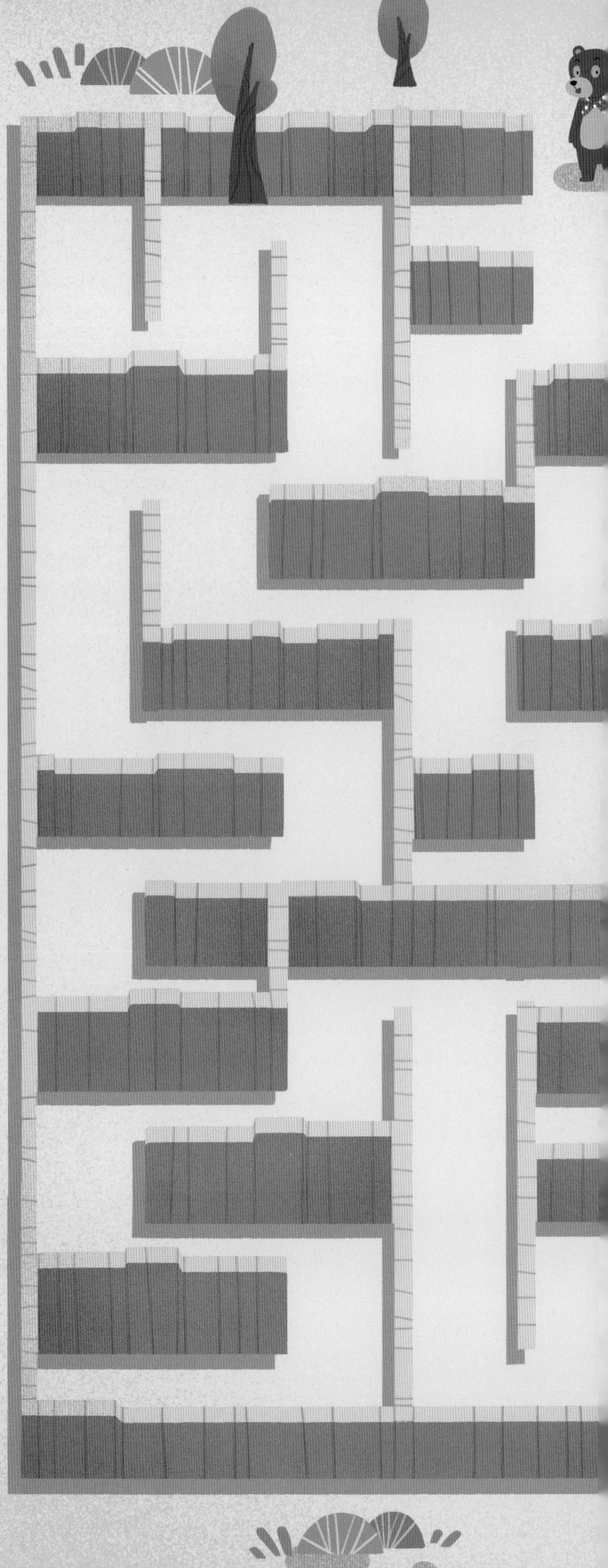

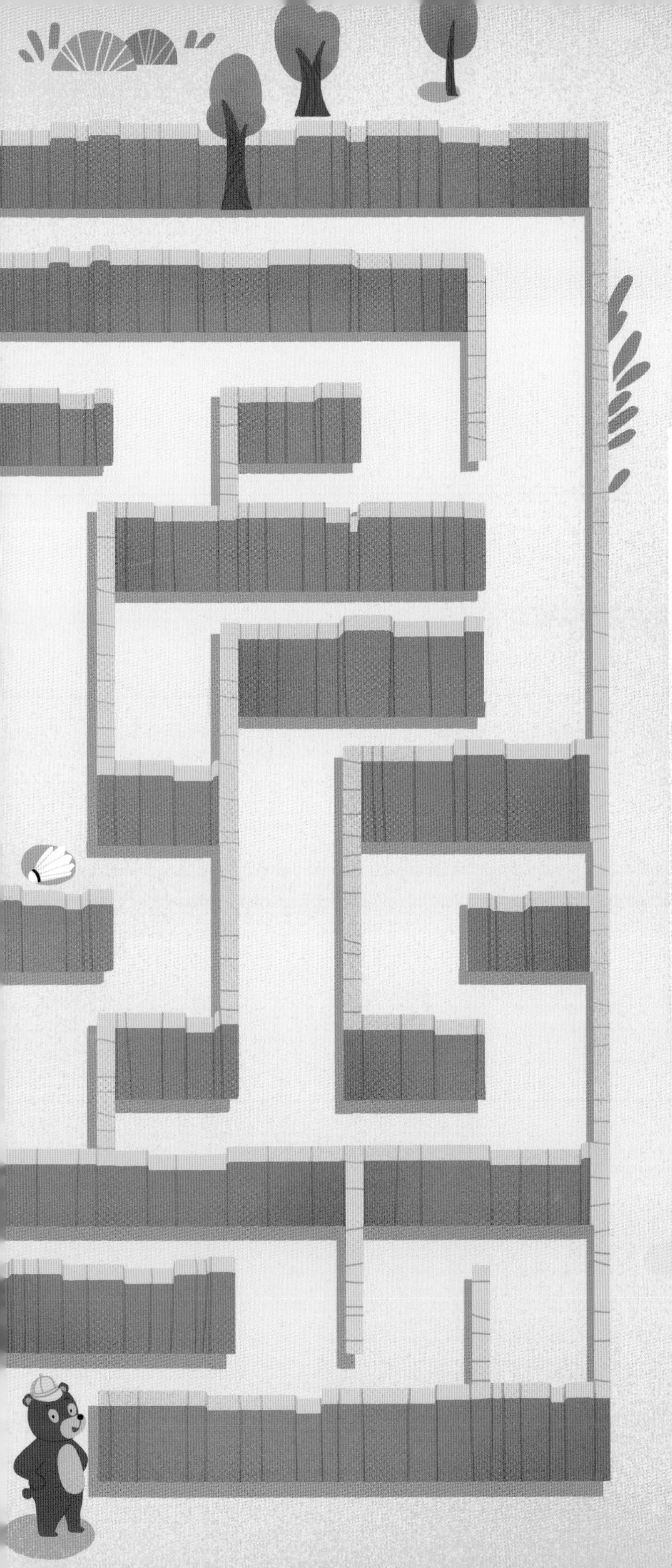

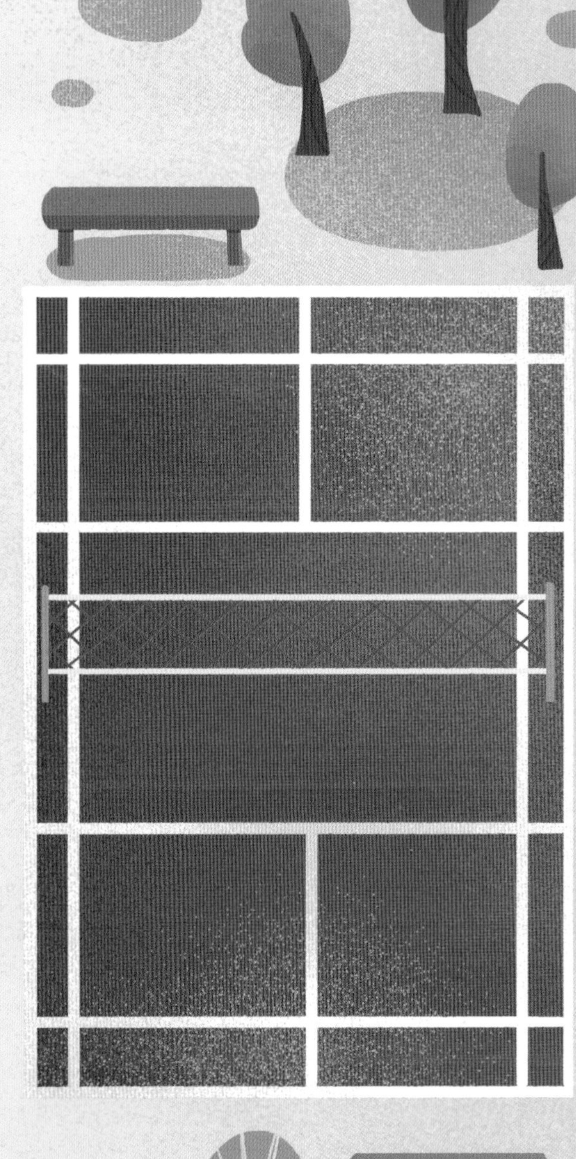

最优解

最优解即最好的解决方法。在算法中，为达到不同的目的，有着不同的最优解。有时，指令最少的算法是最优解；有时，操作最具逻辑性的算法是最优解。在迷宫游戏中，指令最少的算法通常是最优解。

乐乐和俊俊要怎么走呢？

除了下面的指令，你还需要什么指令，请设计出来。

向上

向下

向右

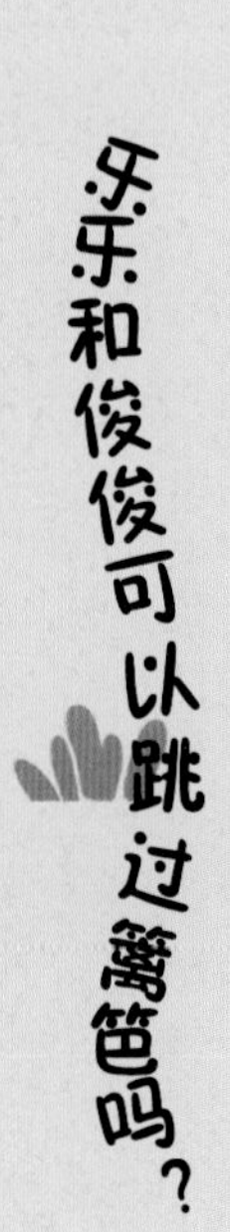

跳跃

指令

简单来说，指令就是命令，指挥着执行者下一步如何操作。指令的类型十分丰富，它涵盖着算法中一切的可能操作。在算法游戏中，我们使用指令卡来完成任务。

乐乐和俊俊可以穿过篱笆吗?

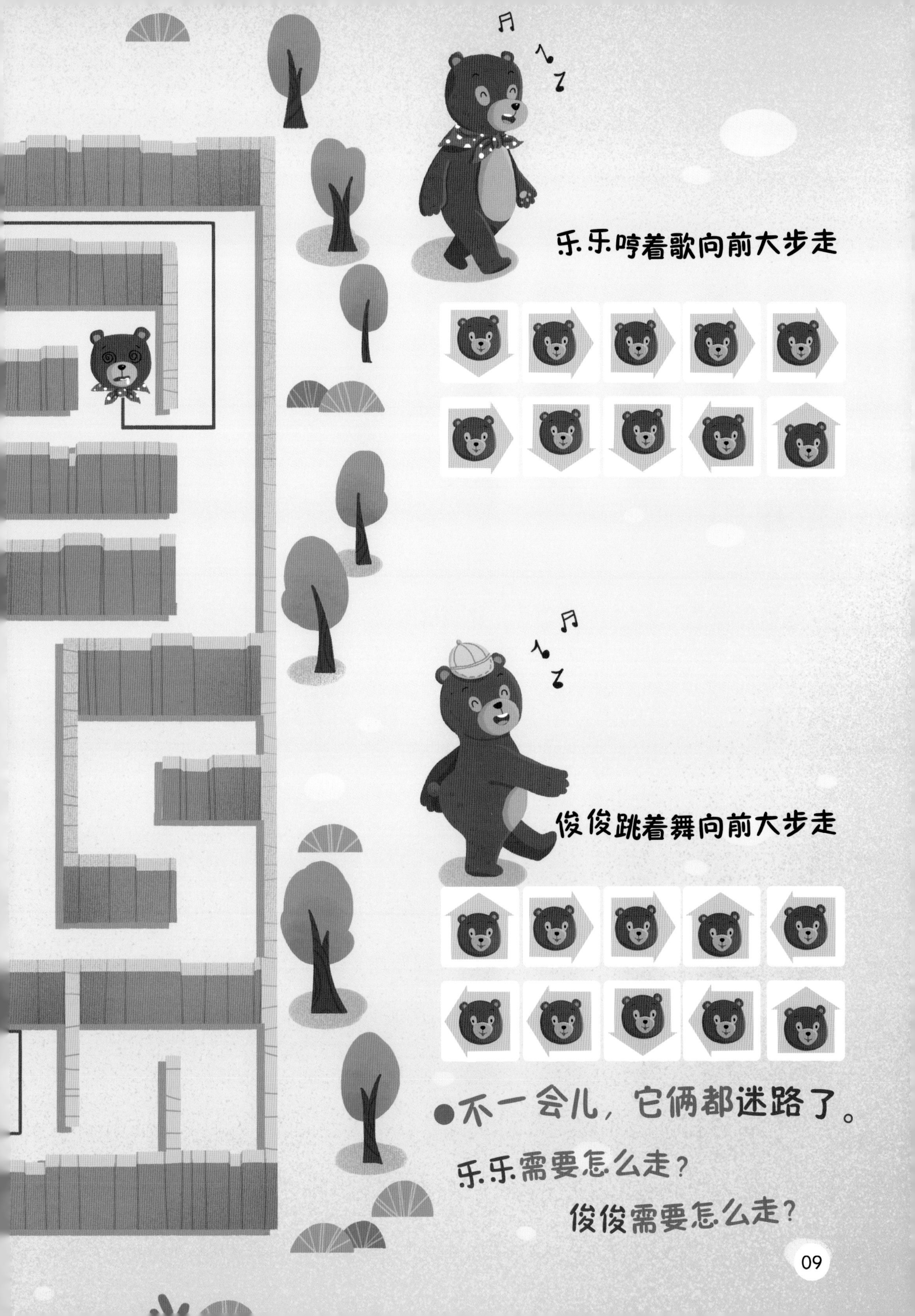
乐乐哼着歌向前大步走
俊俊跳着舞向前大步走

●不一会儿，它俩都迷路了。

乐乐需要怎么走？

俊俊需要怎么走？

算法游戏：排座位

新学期到了，刚进小学的小朋友们进了教室，就随意地坐了起来。

开完班会，老师开始排座位，六六、浩浩、花花、九九、彤彤、洋洋、坤坤、蛋蛋和美美在座位旁边站着。

你能帮帮老师吗？

我比九九高
六六比九九高，
九九比坤坤高

我踮起脚和蛋蛋
差不多高。
彤彤比蛋蛋高，
蛋蛋比浩浩高

洋洋比我们俩都矮。
花花比洋洋高，
美美比花花高

座位怎么排好呢？

老师看了看，让大家都走了出去，留下了六六、坤坤和九九，他们要怎么坐比较合适？你能帮他们排好吗？

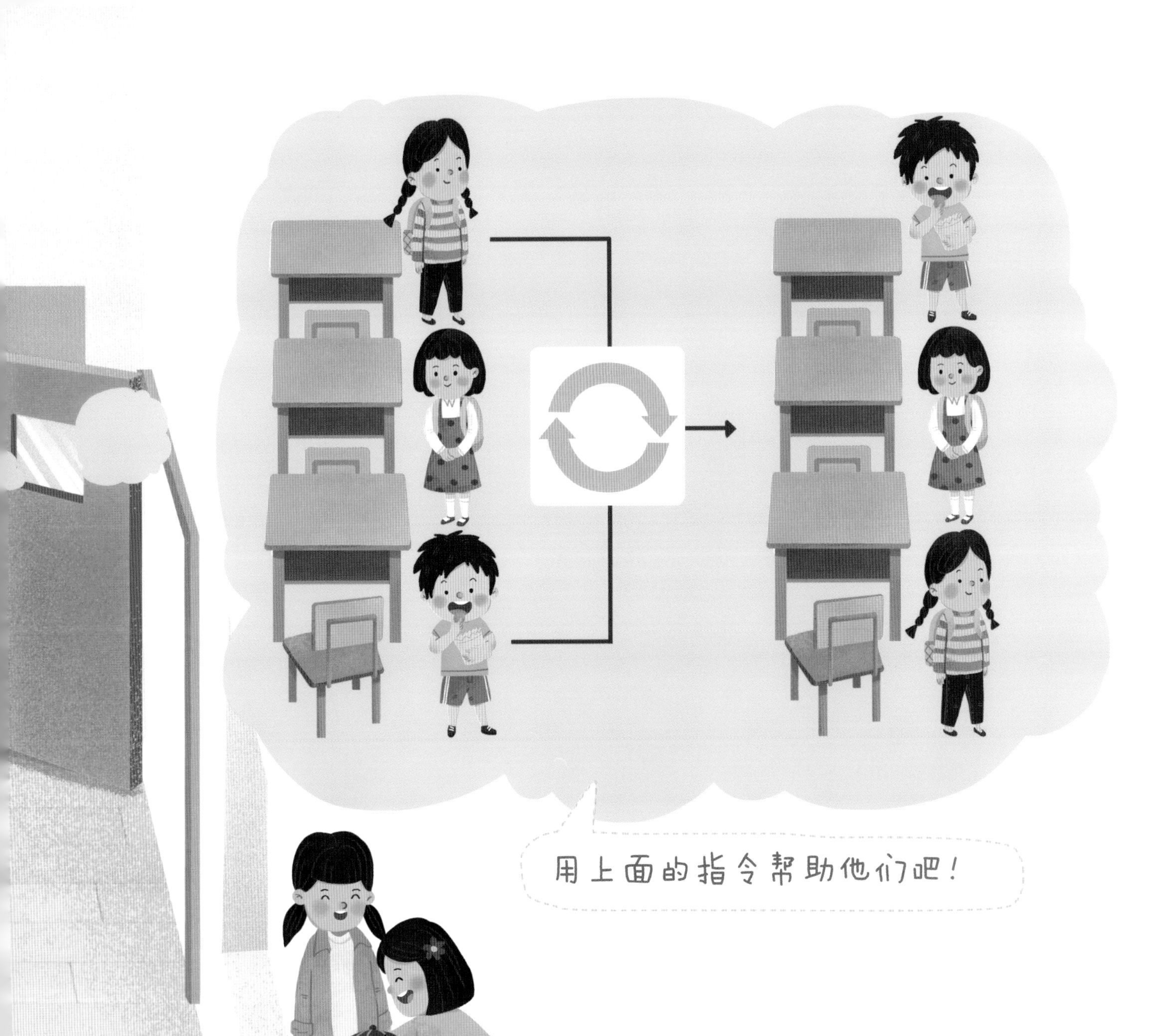

互换

互换是相互交换的意思，在这里，是两个小朋友交换位置。在知道小朋友的身高之后，我们用“互换”这一指令排好座位。

老师让剩下的六个小朋友回到座位旁站着，准备给他们排座位。

六六和坤坤对换了座位，

其他小朋友的座位要怎么换呢？

只剩下花花、洋洋和美美没有排座位了，你会怎么排？

正确的换法是下面哪一种呢？

想一想

在排座位的游戏中，一共用了多少步**指令**呢？除了用“**互换**”指令排座位，还可以怎样排座位？

算法游戏：做家务

周末，爸爸妈妈还在加班，滚滚和姥姥、姥爷在家。姥爷决定锻炼滚滚做家务，姥爷将滚滚叫到了客厅，开始给滚滚布置任务。

滚滚需要在最短的时间内完成洗衣服、拖地和蒸米饭三项任务。

你能帮帮他吗?

滚滚需要完成的这些任务，有哪些是可以同时进行的呢？
电饭锅蒸米饭的时候，滚滚可以做些什么呢？
洗衣机洗衣服的时候，滚滚又可以做些什么呢？

规则

姥爷仔细地给滚滚讲解了怎么做家务。

蒸米饭之前先要把米泡 10 分钟，之后再蒸 20 分钟。

在洗衣机里洗衣服需要 45 分钟，晾衣服需要 10 分钟。

拖地之前需要收拾地板 10 分钟，拖地 15 分钟。

20分钟
蒸米饭
10分钟
晾衣服
45分钟
洗衣服
10分钟
泡米
你能用下面的指令帮助滚滚在最短时间内做完家务吗？请用流程图的方式表示。
泡米
蒸米饭
洗衣服
晾衣服
收拾地板
拖地

如果滚滚这样做

泡米　　蒸米饭　　洗衣服

如果滚滚这样做

洗衣服

● 洗衣机在洗衣服的时候

可以收拾地板

收拾地板

可以拖地

可以泡米

拖地

● 电饭锅蒸米饭的时候呢？

泡米

蒸米饭　　晾衣服

需要 75 分钟，也就是 1 小时 15 分钟

晾衣服　　收拾地板　　拖地

需要 110 分钟，也就是 1 小时 50 分钟

在我们安排指令的时候，有些操作往往是可以并列进行的，在机器工作的时候，滚滚可以去做别的家务。

你有没有同时做过两件事情呢？

流程图

流程图是解释算法思路的一种方法，它可以清晰地展现算法中的每一条指令。滚滚做家务的每一个步骤都在流程图中清晰地体现着。

● 你会怎么做呢？

算法游戏：晚会安排

今天，三年级一班的小朋友们正在准备布置教室。

九九是副班长，需要安排这次晚会的布置工作和节目顺序。

九九的工作：

教室卫生、桌椅摆放、零食分发和节目排序。

晚会一共有五个节目，两个语言类节目和三个歌唱类节目。

语言类节目有双簧和相声。

歌唱类节目有独唱《虫儿飞》、合唱《雪绒花》和独唱《稻香》，歌唱类节目不能连在一起。

教室里布置需要完成擦黑板、扫地、拖地和摆桌椅。

零食的摆放需要在教室布置完成后再进行。

● 为了尽快开始晚会，九九打算这样布置教室：

擦黑板 扫地 拖地 摆桌椅 发放零食

● 到表演节目了，需要怎么安排呢？

双簧 相声 《虫儿飞》 《雪绒花》 《稻香》

用上面的指令卡，帮助九九安排好晚会吧。

排序

在算法中经常涉及排序问题，将无序的元素依照一定的顺序排列的过程叫作排序。在排座位时，老师需要将小朋友们按照高矮进行排列，确保每一位小朋友的视线不会被前面的人挡住。而在晚会排序中，为了观赏性，九九需要将语言类节目和歌唱类节目进行交叉排序。

算法游戏：出行

爸爸今天和尔尔准备练字，但是家里没有毛笔和宣纸了。

于是，尔尔今天需要体验单独出行。

宣纸
花
奶站
N
大卖场
30%
宠物店
面店
木工坊
尔尔家
水果摊

用右边的指令卡，帮尔尔完成任务吧！

尔尔想要这样走：

- 尔尔接下来要怎么走才能买回毛笔和宣纸呢？
- 如果回来的途中需要买一些面条，他要怎么走？

增加指令“买面条”，
你来帮帮他吧。

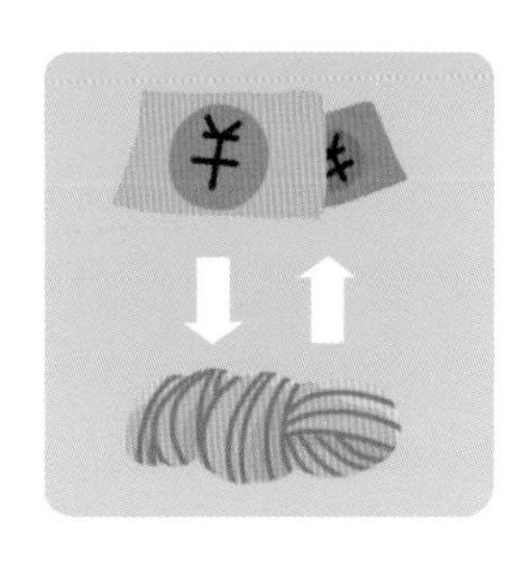

尔尔的整个出行，一定会经过花店吗？

想一想

尔尔一共用了多少步指令完成任务？

如果给你一系列的指令卡，你能不能看出尔尔的目的地是什么？

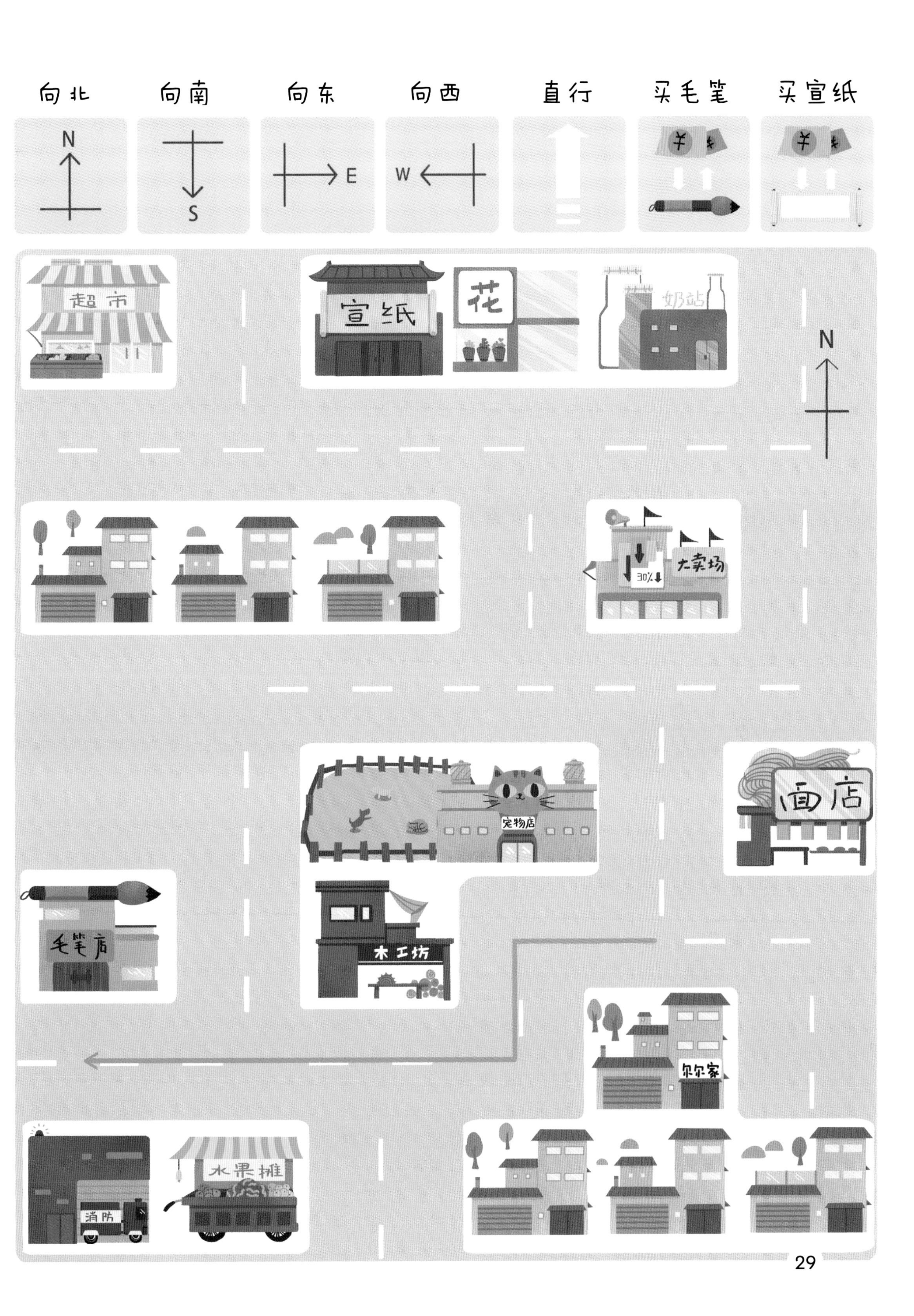
向北
N
向南
S
向东
E
向西
W
直行
买毛笔
¥
买宣纸
¥
超市
宣纸
花
奶站
N
大卖场
30%
宠物店
面店
毛笔店
木工坊
尔尔家
消防
水果摊

解答

算法游戏：排座位

算法游戏：做家务

洗衣服

泡米

收拾地板

做完家务最短只需要 55 分钟，

还不到 1 个小时。

蒸米饭

拖地

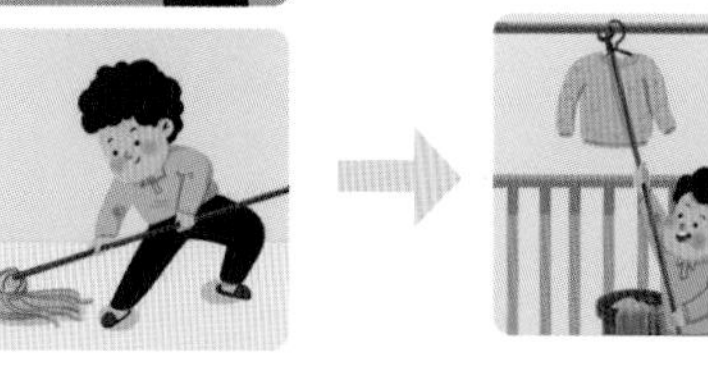

晾衣服

算法游戏：晚会安排

算法游戏：出行

图书在版编目（CIP）数据

孩子能看懂的编程启蒙书系列. 数学游戏真好玩 / 马俊编著. -- 北京：北京理工大学出版社, 2021.4

ISBN 978-7-5682-9686-1

Ⅰ. ①孩… Ⅱ. ①马… Ⅲ. ①程序设计－儿童读物 Ⅳ. ①TP311.1-49

中国版本图书馆CIP数据核字(2021)第058963号

出版发行 / 北京理工大学出版社有限责任公司
社　　址 / 北京市海淀区中关村南大街 5 号
邮　　编 / 100081
电　　话 /（010）68914775（总编室）
（010）82562903（教材售后服务热线）
（010）68944723（其他图书服务热线）
网　　址 / http: / / www. bitpress. com. cn
经　　销 / 全国各地新华书店
印　　刷 / 深圳市福圣印刷有限公司
开　　本 / 889毫米×1194毫米　1/16
印　　张 / 8
字　　数 / 160千字
版　　次 / 2021年4月第1版　2021年4月第1次印刷
定　　价 / 131.20元（全四册）

责任编辑 / 陈莉华
文案编辑 / 陈莉华
责任校对 / 周瑞红
责任印制 / 施胜娟

尹红玉 ◎ 绘　马俊 ◎ 编著

北京理工大学出版社
BEIJING INSTITUTE OF TECHNOLOGY PRESS

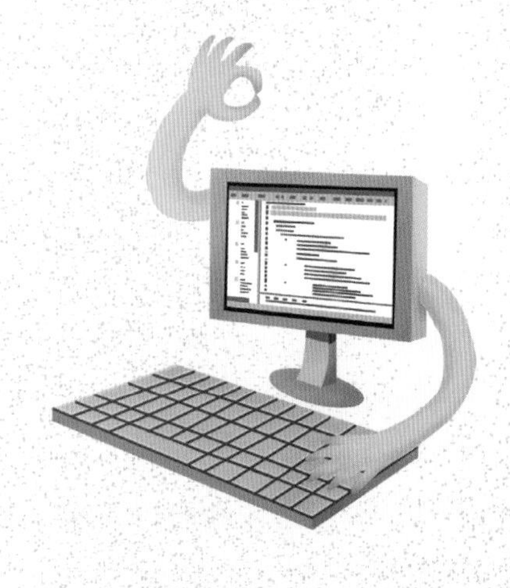

目录

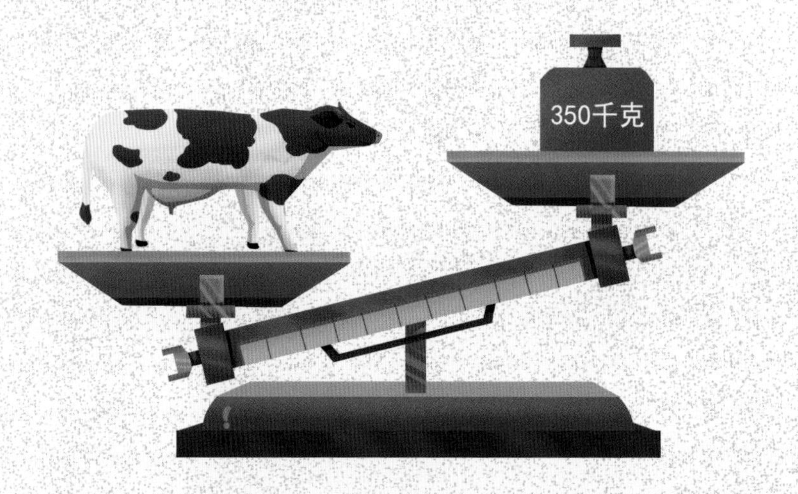

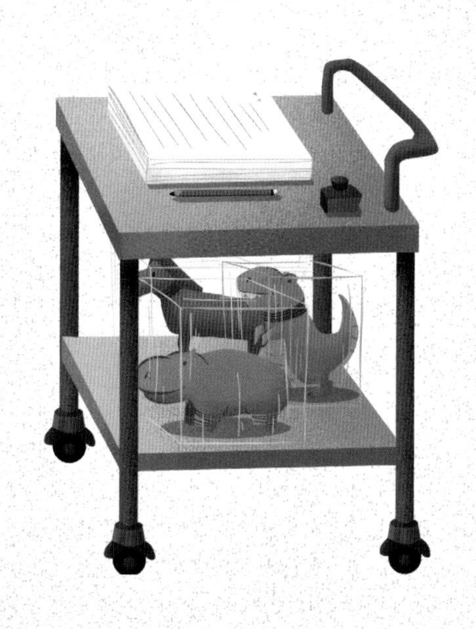

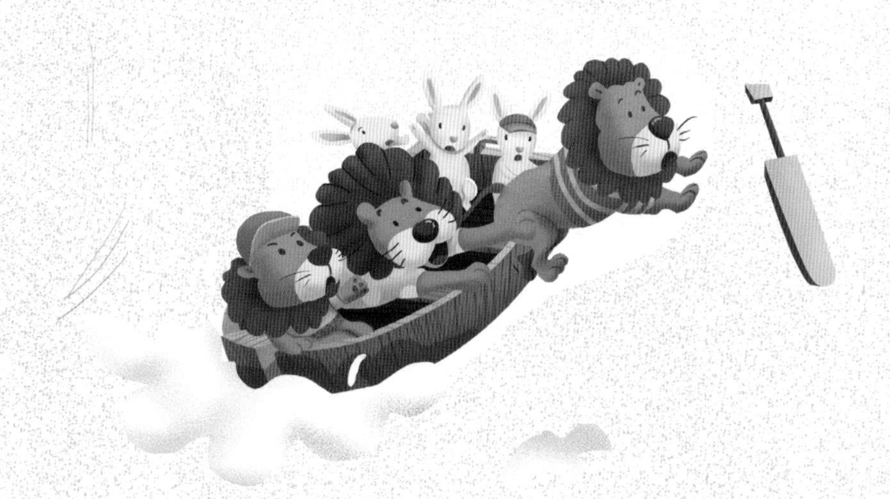

算法

解决一个问题可以有多种多样的方法。

在编程的世界中，算法是完成问题时使用的步骤列表。

在计算机的系统中，算法将被计算机语言编码成程序来体现。

给小狗卓卓一段程序

在算法游戏中我们用指令卡来完成游戏。
反映于计算机中，这一系列的指令卡，也就是这一算法，被用计算机语言表现成一段程序。
DIY
卓卓就可以顺利到家了
公园
程序员们的工作便是用计算机语言编写程序，也就是我们所说的算法。

什么是程序

一系列解决问题的清晰指令称为算法。

同一个问题可以用不同的算法来解决。

程序员给计算机下达一项项的指令，让计算机进行操作，解决问题，这一系列的指令就叫作算法。

程序是一种被编码成机器语言可以运行的算法。

在计算机中，我们的每一次操作，都是一组程序。

在从设计指令开始完成算法中，我们对于指令的设计和每一个人如何行走，在计算机编程中，都是程序的编写。

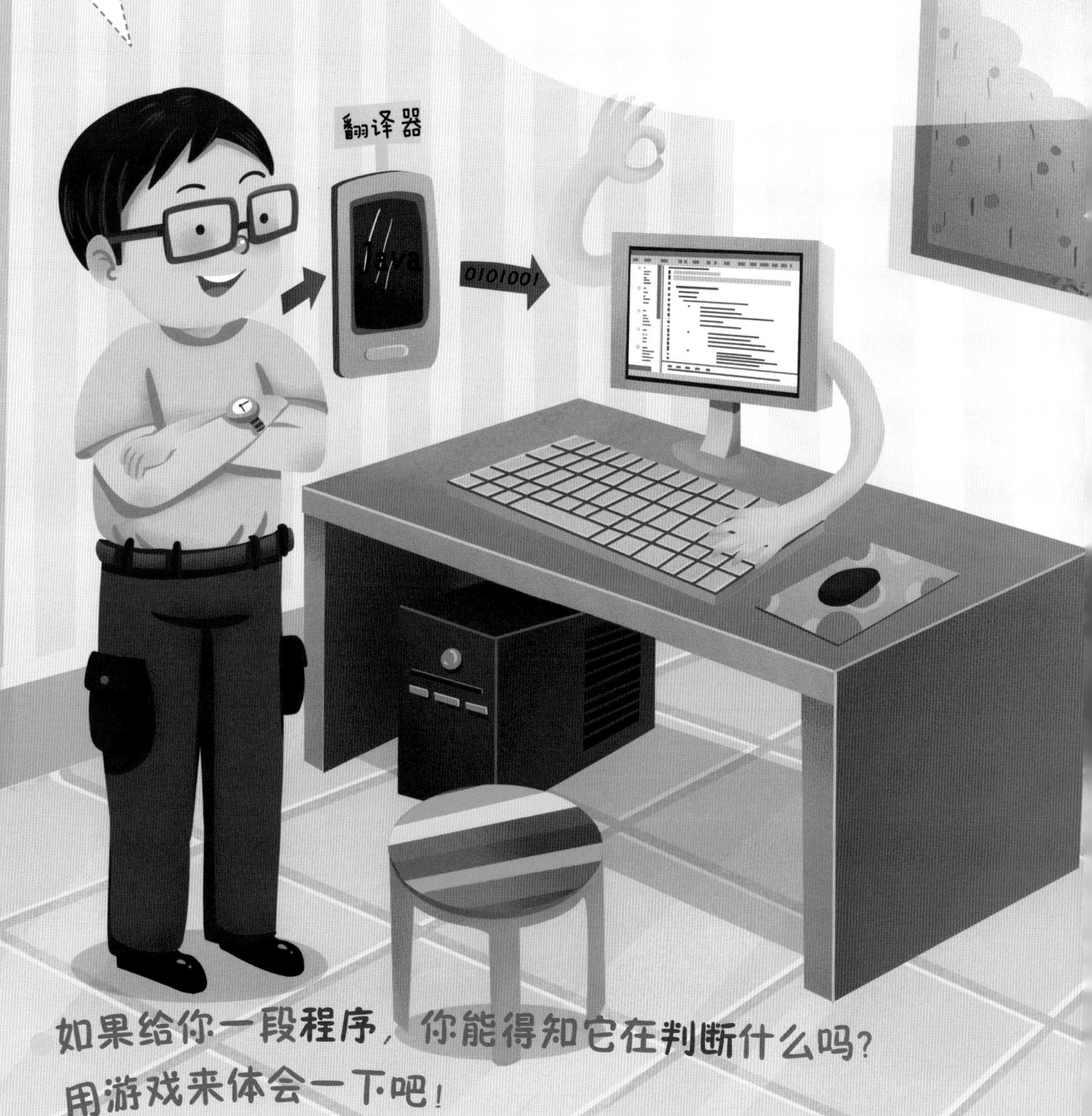

我需要用计算机做出一个餐厅体验游戏。
翻译器
Java
0101001

如果给你一段程序，你能得知它在判断什么吗？用游戏来体会一下吧！

游戏：观察蚕

乐乐是三年级（二）班的小朋友。

这一天，秦老师带他们来到附近的农场上实践课。

农场里热闹极了，有待在桑树上的蚕宝宝，有在田埂上散步的小鸡仔，有在池塘里游动的小鱼和蝌蚪。

在秦老师的讲解下，同学们学习了许多有关农场里的植物和动物知识。

临近下课，农场主送给秦老师一些蚕卵。

秦老师随即将这些蚕卵分发给同学们，要求同学们将蚕喂养成蚕蛹并进行观察记录，从而了解蚕的生长过程。

同学们要怎样写观察日记呢？
蚕的生长大体可以分为几步呢？
蚕卵变成蚕蛹需要多长时间呢？
哪些时候需要重点记录呢？

为了让同学们更好地书写观察日记，秦老师在农场的空地上给同学们画出了蚕的观察方法。

秦老师使用流程图这一样式，按顺序排列指令，给同学们画了一组清晰的操作程序。

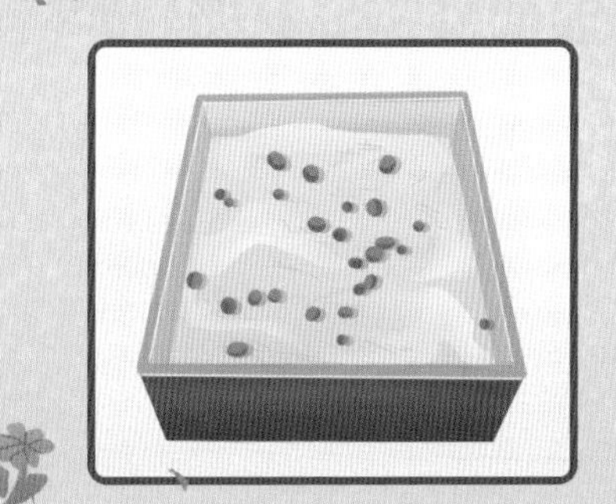

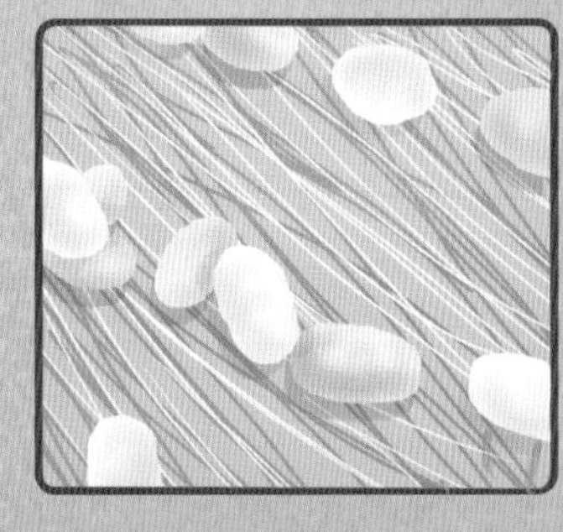

流程图

用箭头将指令串接起来，表示出一项任务的步骤的方法就是流程图。秦老师给出的观察方法就是一张流程图。反映于编程的世界中，就是一组程序，用来完成观察蚕这一生长过程。

● 根据秦老师给出的这组**程序**，你知道具体要怎么做吗？秦老师让同学们进行了**几次**着重记录？

乐乐在纸上记下了秦老师画出的程序，但是他有些看不懂。

秦老师仔细地为乐乐答疑解惑。

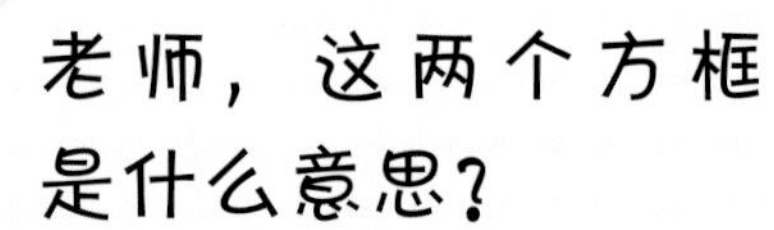

老师，这两个方框是什么意思？
这里的意思是你需要按照顺序进行这两个指令，先着重记录蚕的变化，再开始给蚕喂桑叶。

顺序结构

顺序结构是算法中的基本结构，在需要按照顺序完成指令的情况下常使用这种结构。

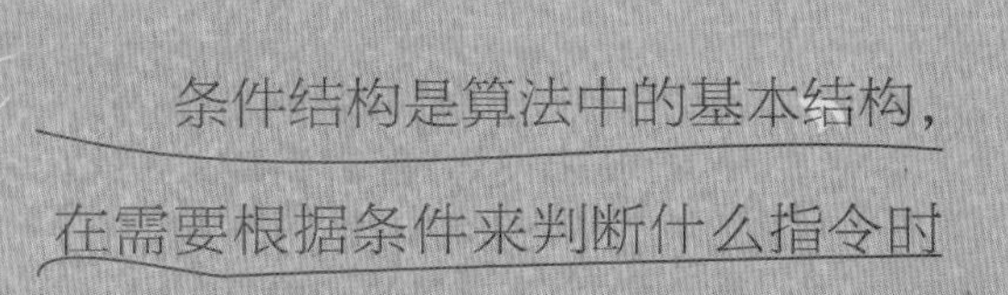

条件结构

条件结构是算法中的基本结构，在需要根据条件来判断什么指令时使用。通常有两个可以执行的指令，根据情况，选择其中一个执行。

秦老师，这个我知道了，是观察蚕是否结茧，没有结茧的话，继续喂桑叶，结了茧就进行下一步。
十分正确！

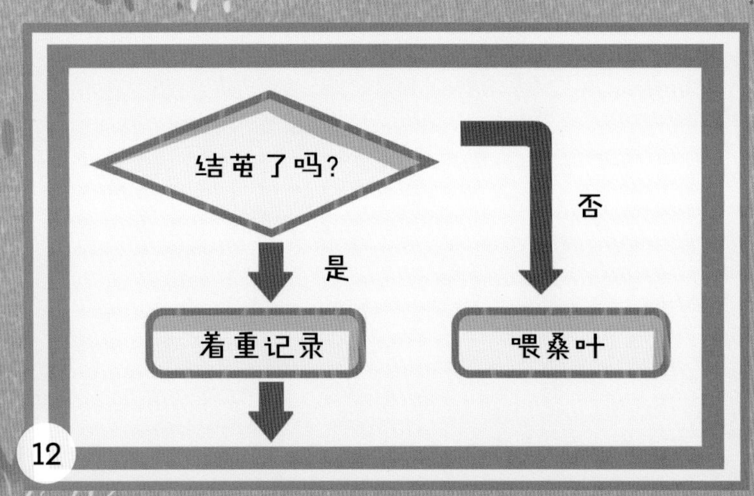

这里表示，如果没有孵出幼蚕便重复着前面的指令。
嗯嗯。

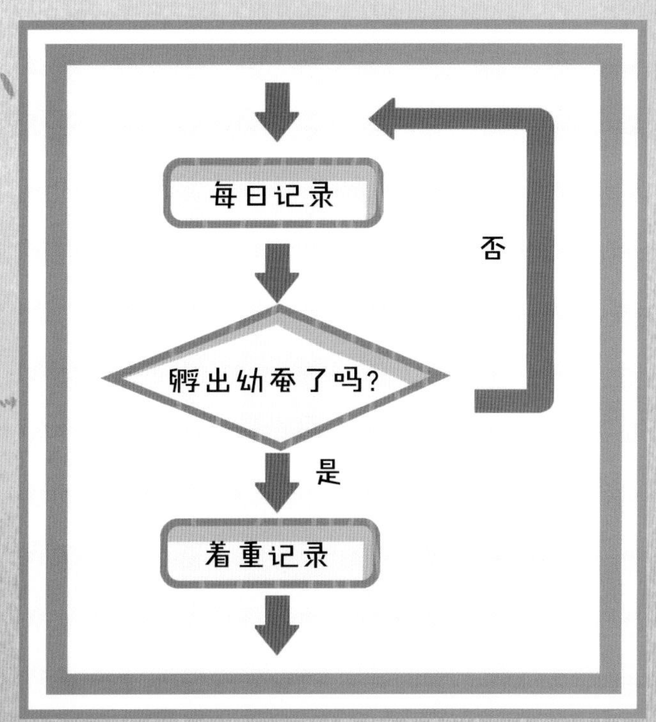

循环结构

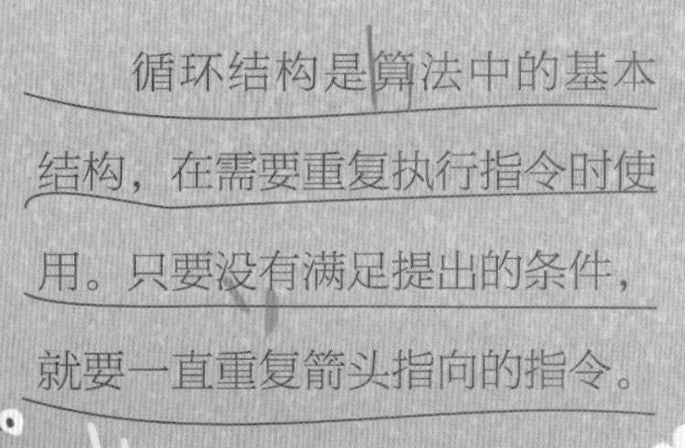

循环结构是算法中的基本结构，在需要重复执行指令时使用。只要没有满足提出的条件，就要一直重复箭头指向的指令。

算法有三种基本结构，即顺序结构、条件结构与循环结构。秦老师在为同学们给出程序时运用了这些结构。

● **如果让你来制定蚕的观察方法，你会怎么制定？**

兰兰牧场这周第一次从别的牧场新引进了一批次奶牛。

但是，没有人知道这批奶牛是否进入了成熟期。

牧场主管决定用场里的自动机器进行筛选。

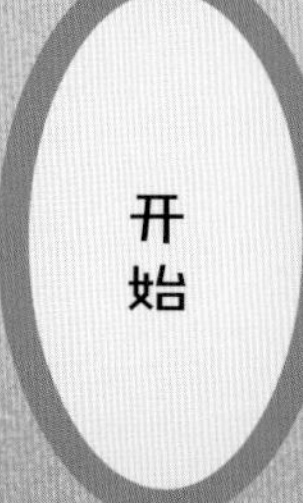

为了规范流程，主管制定了以下程序。

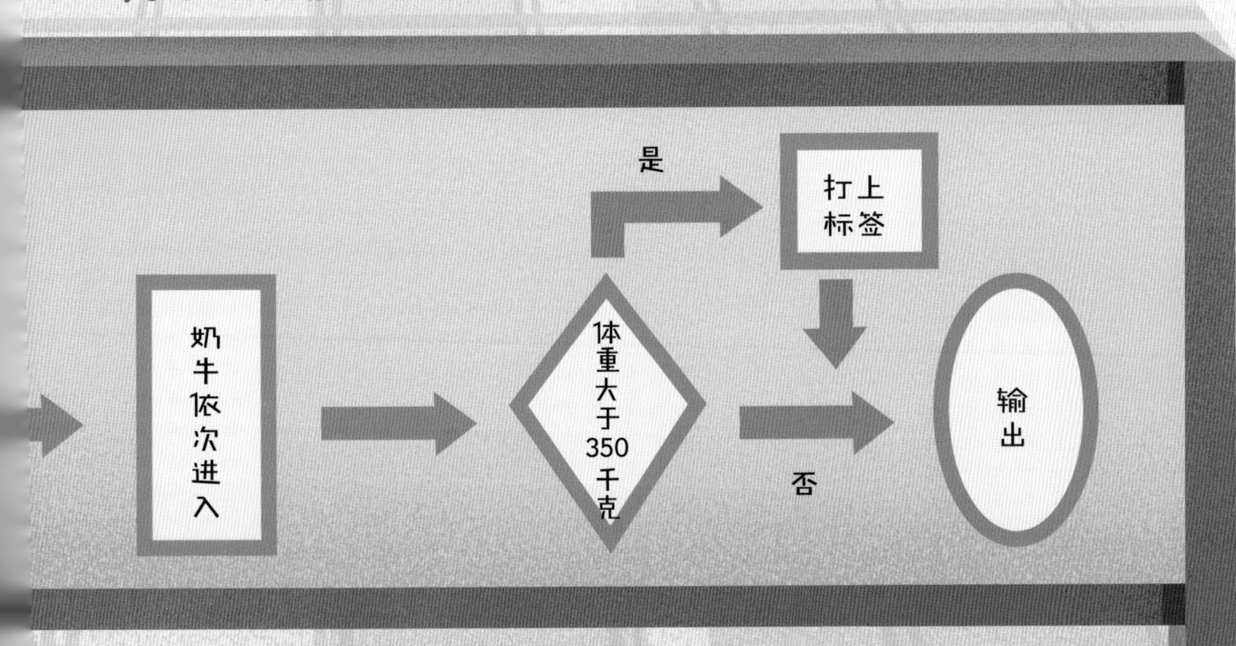

根据主管制定的程序
你能筛选出成熟期的奶牛吗？
什么样的奶牛是合格的呢？

游戏：会议安排

小刘是玩具公司的一名主管。

后天，小刘需要组织一场公司对外的销售会议。

为了使会议圆满召开，小刘从今天开始做准备工作。

20 分钟

5 分钟

小刘的准备工作

他需要预约会议室，布置会议室，准备会议资料，制作合作方的临时门禁卡。

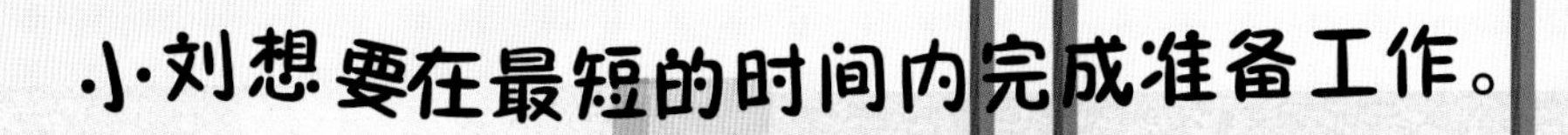

小刘想要在最短的时间内完成准备工作。

规则

预约会议室需要 5 分钟。

打印资料需要 1 小时 20 分钟。

将打印的资料和拟销售的玩具拿到会议室需要 5 分钟。

制作临时的门禁卡需要 20 分钟。

5 分钟

提交会议申请

1 小时 20 分钟

如果给你一组程序，你知道怎么做吗？
你能判断出他的安排程序是否是最佳的吗？

小刘应该怎么做才好呢？

如果给你下面的指令框，你知道它们应该怎样排序吗？

流程图：是常用算法的表示方式，反映于编程的世界中，就是一组程序。

指令：指令就是命令，是对任务的具体操作的安排。

指令框：常见于流程图中，是流程图中重要的元素，表示一项命令，指挥执行者下一步如何操作。

指令卡：在算法游戏中设计的元素，用卡片来表示指令。

开始

预约会议室

打印资料

搬运物资

制作门禁卡

结束

如果这样做，
你能布置好会议室吗？

多重选择结构

在有两个以上的并列指令需要完成时，通常会使用多重选择结构。如果打印资料和制作门禁卡可以同时完成，我们便会用多重选择结构将它们连接，并列完成这两项指令。

● 如果上面的程序不是**最优解**，你的答案是什么？你能将下面的程序**补充完整**吗？

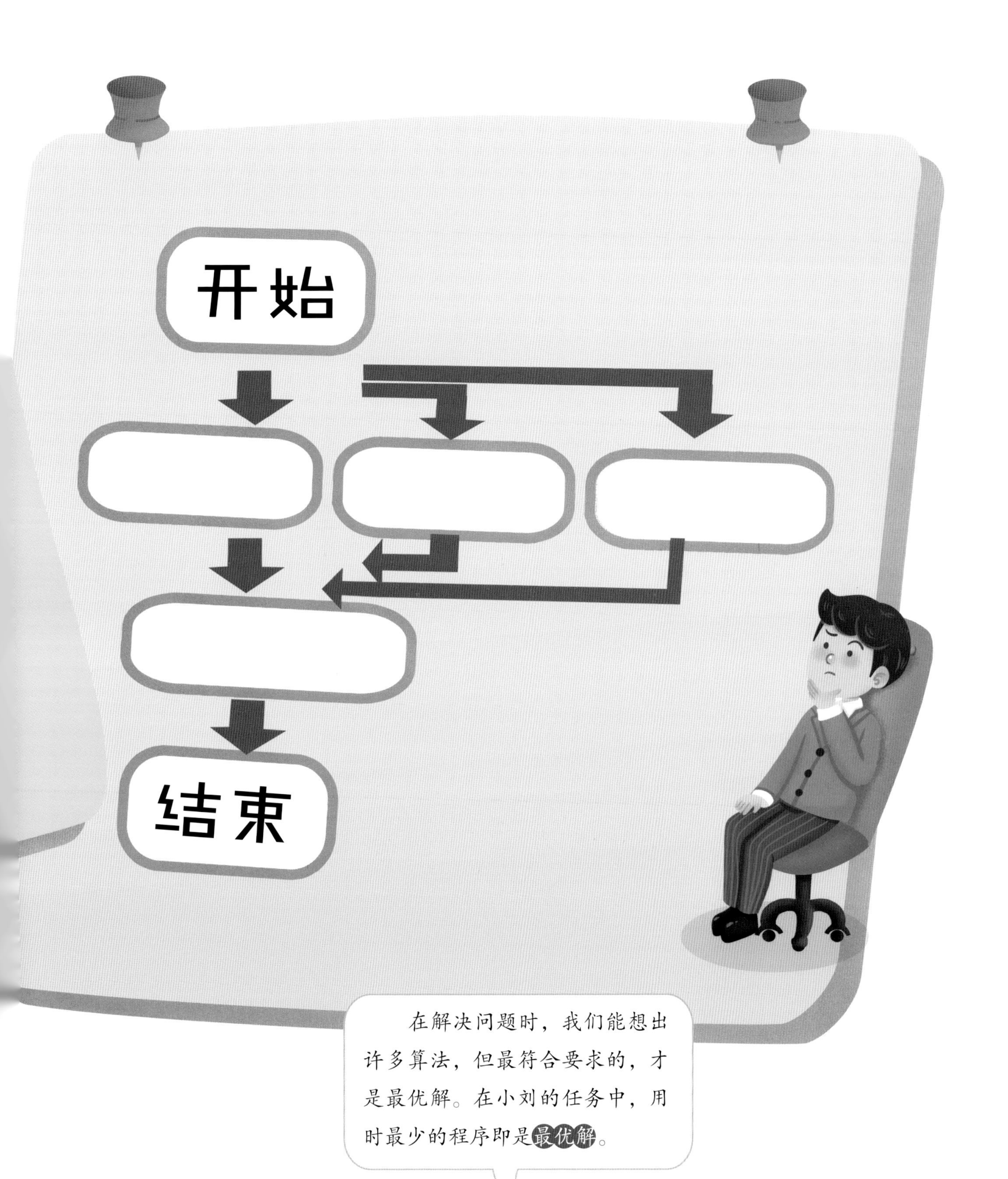

开始
结束
在解决问题时，我们能想出许多算法，但最符合要求的，才是最优解。在小刘的任务中，用时最少的程序即是**最优解**。

游戏：种植草莓

生物老师布置了新的作业，她要求同学们从生物实验室领取自己喜欢的植物种植并观察记录。

在两个月之后，同学们要将植物带到学校里展示自己的观察成果。

小小喜欢草莓，她决定试着种植草莓。

●从草莓幼苗到结出草莓，她需要做些什么呢？

小小翻阅了许多种植草莓的书籍，决定这样种

● 根据小小的做法，她应该怎样汇报，才能让同学们清楚地了解有关草莓种植的知识呢？

移栽
在花盆中种植幼苗，略盖住齿冠部分，用水壶将花盆浇透。
浇水、摘枯叶、施肥
表面的泥土变干时就要浇水；当新芽长出来时，要摘掉枯叶；每周施一次肥。浇水和施肥时，都要避开叶面与果子。

疏花疏果
在草莓长出花蕾后，疏除多余的幼小的花蕾。过多花蕾的开放，会消耗很多养分。
收获果实
当白色的草莓变大变红时，就可以收获了。

游戏：过河

雨后，原本宁静的小溪突然涨起了水。

小溪变成了大河，想从镇外回来的小动物们都被困住了，没有办法回家。

站在河边，狮子北北、灼灼、九九和兔子小白、小灰、小美望着小镇，想要过河。

●河边的码头上只有一条船，
河水特别湍急。
大家要怎样才能过河呢？

如果一个一个地划，船很容易就翻了。

船怎么还不回来？

这只船上只有两个座位。

如果留下的狮子比兔子多，狮子就会吃掉兔子。

●应该几个动物一起划船呢？
一共要来回几次，大家才能回家呢？
怎样才能保证小白、小灰和小美的安全，让大家都顺利过河呢？

解答

游戏：筛选奶牛

体重大于350千克的奶牛是合格的

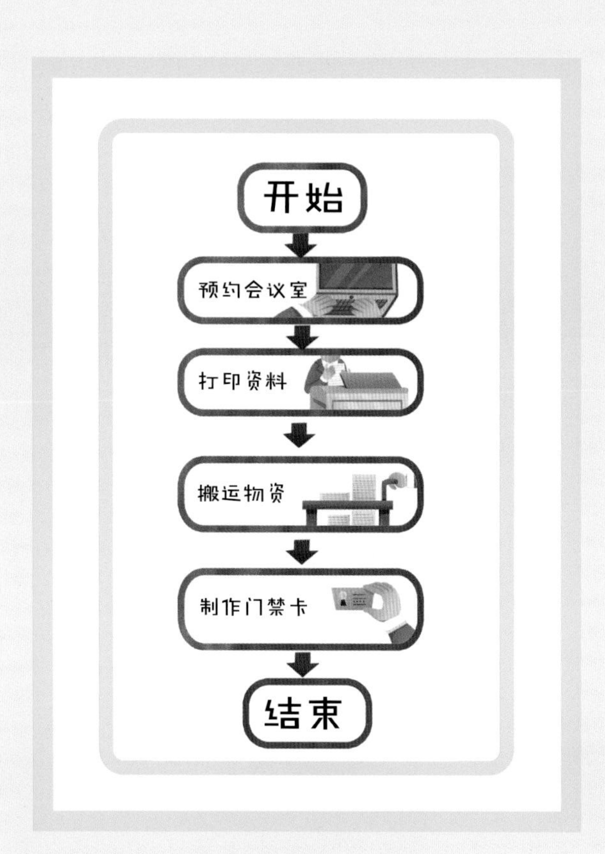

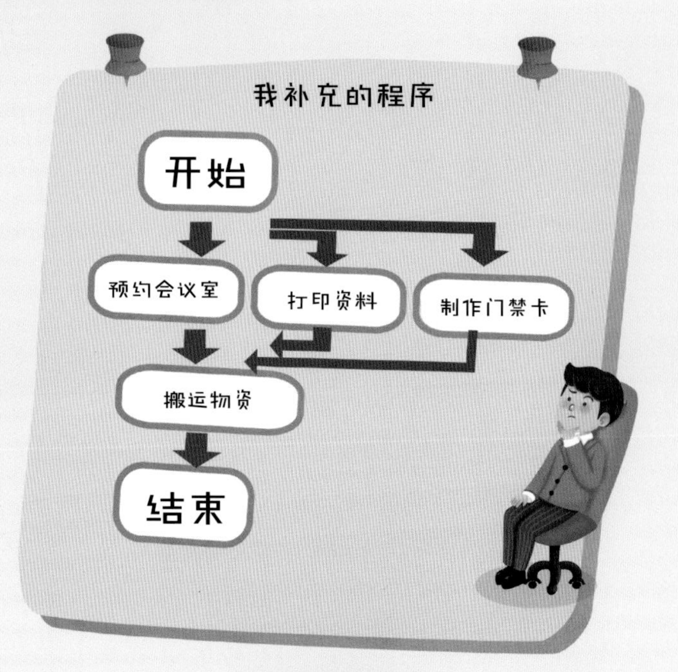

游戏：会议安排

这样做不能达成目标，在等待打印机打印完资料的同时还可以做其他的事情。

游戏：种植草莓

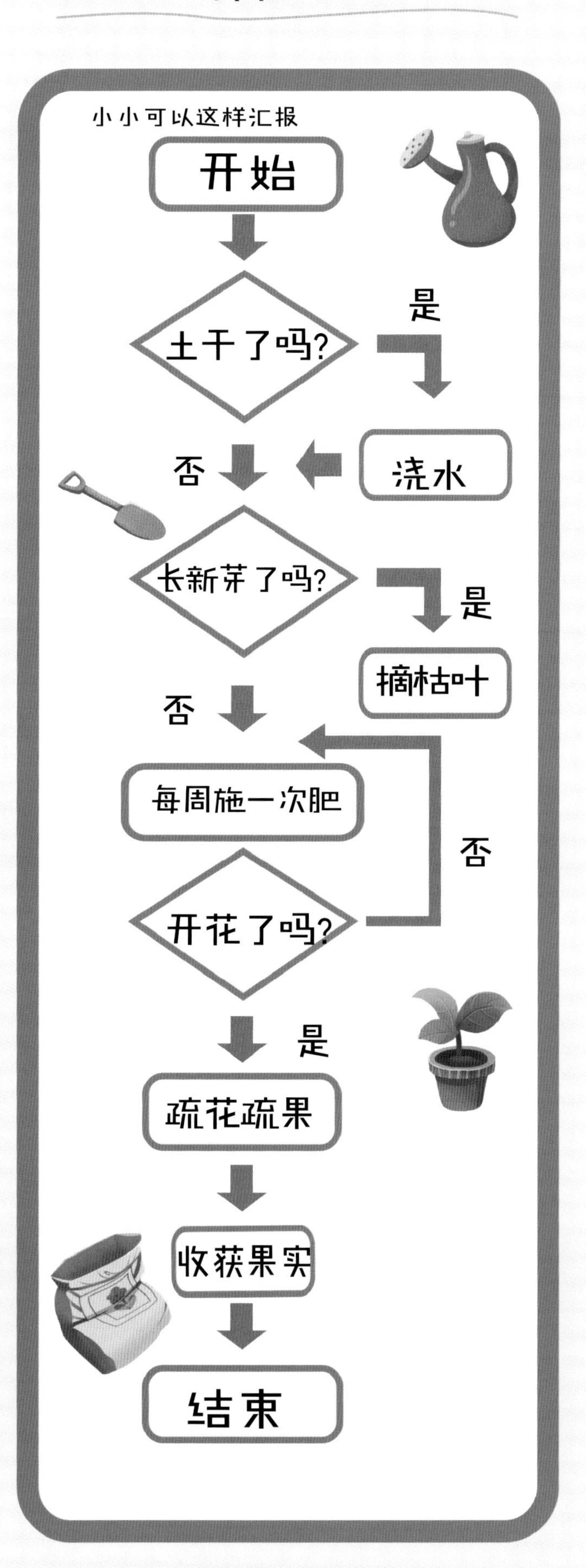

游戏：过河

第一步，两只狮子过河，回来一只狮子；

第二步，两只狮子过河，回来一只狮子；

第三步，两只兔子过河，回来一只狮子＋一只兔子；

第四步，两只兔子过河，回来一只狮子；

第五步，两只狮子过河，回来一只狮子；

第六步，两只狮子过河

图书在版编目（CIP）数据

孩子能看懂的编程启蒙书系列：全4册. 编程，如此简单 / 马俊编著. -- 北京：北京理工大学出版社，2021.4

ISBN 978-7-5682-9686-1

Ⅰ. ①孩… Ⅱ. ①马… Ⅲ. ①程序设计－儿童读物 Ⅳ. ①TP311.1-49

中国版本图书馆CIP数据核字(2021)第058962号

出版发行 / 北京理工大学出版社有限责任公司
社　　址 / 北京市海淀区中关村南大街 5 号
邮　　编 / 100081
电　　话 /（010）68914775（总编室）
（010）82562903（教材售后服务热线）
（010）68944723（其他图书服务热线）
网　　址 / http: / / www. bitpress. com. cn
经　　销 / 全国各地新华书店
印　　刷 / 深圳市福圣印刷有限公司
开　　本 / 889毫米×1194毫米　1/16
印　　张 / 8
字　　数 / 160千字
版　　次 / 2021年4月第1版　2021年4月第1次印刷
定　　价 / 131.20元（全四册）

责任编辑 / 陈莉华
文案编辑 / 陈莉华
责任校对 / 周瑞红
责任印制 / 施胜娟